GUIDE

Du Propriétaire

la VIGNE,

PAR

M. DU PUITS DE MACONEX,

MEMBRE DES SOCIÉTÉS D'AGRICULTURE DE LA GIRONDE, DU RHÔNE ET
DE L'ALLIER, CORRESPONDANT DE LA SOCIÉTÉ NATIONALE ET
CENTRALE D'AGRICULTURE DE PARIS, ANCIEN ÉLÈVE
DE L'ÉCOLE POLYTECHNIQUE, PROPRIÉTAIRE
AGRICULTEUR A GRADIGNAN
(GIRONDE).

BORDEAUX,

P. CHAUMAS, LIBRAIRE-ÉDITEUR,
Fossés du Chapeau-Rouge, 34.

PARIS,

Librairie Agricole de la Maison Rustique,
Rue Jacob, 26.

1850.

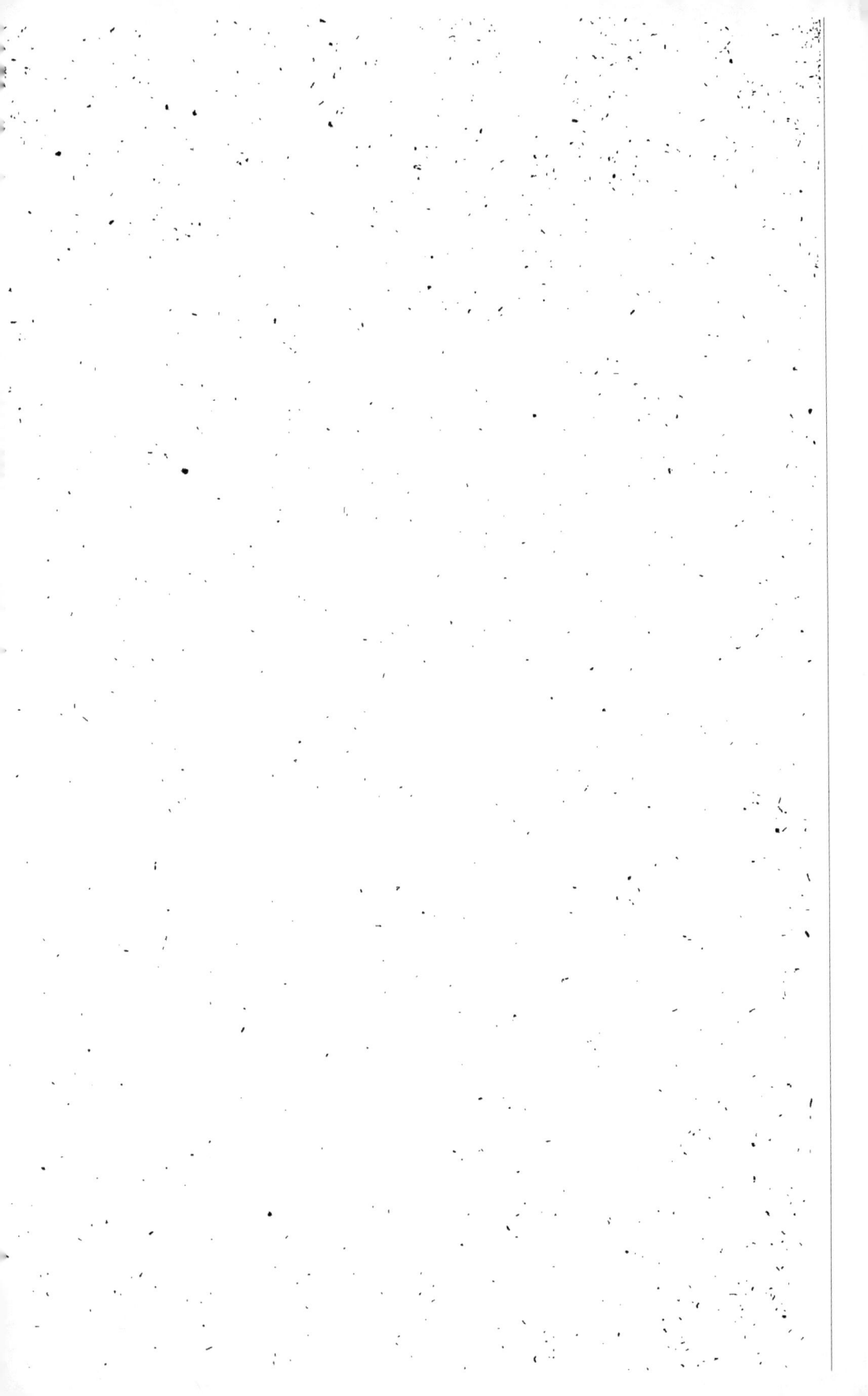

GUIDE DU

Propriétaire

DE VIGNE,

PAR

M. DU PUITS DE MACONEX,

MEMBRE DES SOCIÉTÉS D'AGRICULTURE DE LA GIRONDE, DU
RHONE ET DE L'ALLIER ;
CORRESPONDANT DE LA SOCIÉTÉ NATIONALE ET CENTRALE
D'AGRICULTURE DE PARIS ; ANCIEN ÉLÈVE DE
L'ÉCOLE POLYTECHNIQUE, PROPRIÉTAIRE
AGRICULTEUR A GRADIGNAN,
GIRONDE.

BORDEAUX,

P. CHAUMAS, LIBRAIRE, EDITEUR

Fossés du Chapeau-Rouge, 31.

1850.

INTRODUCTION.

HISTOIRE DE LA VIGNE.

La vigne est une plante indigène des contrées de la zone tempérée; sa culture paraît remonter à une époque voisine de la création de l'homme; forcés de rechercher une boisson plus sapide que l'eau, les premiers habitants du globe n'ont pas tardé de reconnaître dans le raisin l'élément qu'il cherchait. A l'état sauvage, ou cultivé, aucun fruit ne dispense aussi abondamment une liqueur susceptible de la fermentation vineuse.

L'importance de la culture de la vigne a dû être comprise dès les premiers temps; et elle a par conséquent suivi l'homme dans ses migrations, De l'Asie, berceau de la création, elle a dû passer en Grèce, gagner l'Italie, l'Espagne et les Gaules. Quoiqu'il en soit, nous ne pouvons douter que les Gaulois, lors de leurs irruptions dans la Péninsule, dans le commencement de la république romaine, n'aient rapporté la vigne chez eux, et que les Phocéens ne l'aient introduite en Provence à la fondation de Marseille.

Ainsi nous ne pouvons estimer à moins de vingt-trois siècles l'établissement de la culture de la vigne dans les Gaules. Aux témoignages de Pline et de Columelle, il se récoltait sur les côtes qui dominent le Rhône, à peu de distance de Vienne, un vin recherché par les Romains; personne n'ignore que s'il faut peu de temps à un vignoble pour perdre sa réputation, il n'en est pas à beaucoup près de même pour l'acquérir. Le fait précédent confirme donc l'opinion de l'existence de la vigne sur le sol de la France depuis vingt-trois siècles au minimum.

A en juger par les écrits des auteurs latins, et plus particulièrement de Columelle, la culture de la vigne était bien entendue, et a peu ou point gagné depuis lors. Les anciens connaissaient l'importance du labour de préparation pour planter ; ils savaient que la profondeur doit varier suivant le terrain, l'exposition, le climat ; ils connaissaient les avantages de la taille faite de bonne heure, et les circonstances où il convient de la renvoyer à la fin de l'hiver ; ils provignaient, greffaient, employaient les végétaux semés et enfouis sur place. A en juger par la ressemblance des méthodes, et surtout par quelques usages établis dans le *Bordelais*, et peu connus ailleurs, on pourrait supposer que Bordeaux a été dotée directement par les Romains de cette riche culture ; ils pratiquaient la greffe par perforation, et la recommandation que fait Columelle de la tarière gauloise qui enlevait le bois par copaux et non par sciures, prouverait que les Italiens étaient moins avancés que nos ancêtres sous ce rapport : ils connaissaient comme de nos jours les hautains et les vignes pleines et basses, échalassées ou non.

Le nombre des espèces ou variétés cultivées était déjà considérable. Columelle fait très bien ressortir l'avantage pour la taille, la maturité, la vendange, et de la séparation en des divers cépages ou pièces distinctes, lorsqu'on juge convenable d'en cultiver plusieurs.

Indépendamment des raisons que nous avons données de l'ancienneté de la culture de la vigne, le chiffre des espèces connues plus nombreuses que pour aucun autre genre d'arbres fruitiers viendrait à l'appui de cette opinion. Nous avons été admis à visiter l'une des collections les plus complètes et les mieux tenues qui existent en France, et nous pensons que les huit cents portées au catalogue en présentent bien deux cent cinquante à trois cents de caractères essentiellement différents (1).

(1). Cette collection est tenue par MM. Bouchereau, propriétaires, à Carbonnieu, crû renommé en vin blanc, à peu de distance de Bordeaux.

Nous avons reconnu trente-huit espèces vinifères bien distinctes dans le vignoble que nous exploitons, elles se rencontrent à peu près partout dans la Gironde, et nous avons apporté des rives du Rhône la plupart des cépages de la Bourgogne, du Lyonnais et du Dauphiné : nous n'avons trouvé entr'eux aucune ressemblance.

Nous sommes disposés à croire que le plus grand nombre provient de semis naturels et non de main d'homme; et malgré l'opinion contraire professée par beaucoup d'auteurs, nous ne croyons pas à la dégénérescence des cépages. Le changement de sol et de climat peut bien modifier les qualités de la liqueur, mais il n'enlève rien aux caractères de la plante.

Un cépage unique est cultivé dans la plupart des vignobles de la vallée du Rhône, dont la plantation remonte pour quelques uns à la domination romaine au plus-tard, ainsi que le démontrent et la tradition et les auteurs latins. Or le vignoble de Côte-Rôtie, le plus ancien peut-être, soutient toujours sa réputation et son produit (1).

Si le contraire paraît avoir lieu quelques fois, nous croyons l'expliquer avec raison par les faits suivants :

1° Par un choix vicieux des boutures.

Elles participent nécessairement de l'état des souches dont elles proviennent; si ces dernières sont saines et productives, les premières vivront et produiront longtemps; elles fourniront plus tard, à leur tour, d'excellents plants sous les mêmes conditions, toutes choses égales d'ailleurs;

2° Par une plantation irrationnelle.

Lorsqu'on arrache une vieille vigne et qu'on replante immédiatement, on ne peut se flatter d'obtenir un bon résultat. La nouvelle produira peu, restera chétive, dépérira

(1). La tradition assigne à ce vignoble une plus ancienne existence qu'à celui de l'Hermitage qui aurait tiré son cépage, la sira, du premier.

de bonne heure, et l'on attribue à la dégénérescence le fait de l'ignorance du propriétaire.

Plantée isolément, ou très écartée, la vigne atteint une grande dimension, et une longue existence, non seulement dans les contrées méridionales de l'Europe, mais encore dans les parties centrales. Rosier cite une souche de muscat qui tapissait la façade d'une maison à Besançon, et dont le tronc mesurait trois pieds de diamètre, elle qui périt à la suite d'une gelée d'automne. Cette prodigieuse grosseur atteste une existence de plusieurs siècles. Dans la fertile vallée du Graisivaudan (Isère), on voit des vignes en hautains soutenues par de forts pieux ou des arbres, assez élevés pour que le bétail puisse circuler au-dessous, dont les dimensions font déjà supposer une longue carrière; nous regrettons de n'avoir aucun renseignement sur leur âge.

Les caractères auxquels on peut reconnaître les cépages sont nombreux: la couleur du fruit, la forme des baies, celle des grappes, la teinte et la forme des feuilles, la couleur du bois, l'espacement des nœuds, les sarments effilés, longs, courts, gros et fermes. Les deux premiers sont les plus constants, et les plus faciles à distinguer; nous n'avons jamais vu varier radicalement la couleur. Elle peut bien pâlir ou se foncer suivant leur exposition au soleil, mais nous ne croyons pas qu'elle puisse changer du blanc au noir. Les raisins rouges, par exemple, dont la teinte est bien prononcée en regard de la lumière, sont quelquefois verts dans les parties tenues constamment à l'ombre, quoique mûrs. Cette circonstance n'a évidemment rien de caractéristique et ne peut infirmer la règle. Contrairement à l'opinion de la fixité de la couleur; nous avons entendu citer des souches donnant des raisins tout noirs ou tout blancs, ou moitié l'un, moitié l'autre. Nous pensons que ce fait est la propriété d'un cépage particulier qui proviendrait de la fécondation simultanée de deux plants différents, l'un à fruit blanc et l'autre à fruit noir.

La forme de la baie subit aussi quelques différences, mais, comme pour le caractère précédent, elles n'ont rien de radicales. Ainsi nous avons observé que le muscat d'Alexandrie a la baie moins allongée en pleine terre qu'adossée aux murs suivant l'usage général.

Dans les circonstances ordinaires les grappes présentent des formes déterminées particulières à chaque cépage; chez les uns, elles sont coniques courtes, chez d'autres coniques alongées; il en est de cylindriques; on en voit encore de ramassées aussi larges que longues. La seule variation bien tranchée que nous y avons observée est la suivante :

Lorsque, par une culture bien soignée, une terre végétale et un labour de préparation très-profonds, et un écartement considérable des souches, ces dernières végétent avec une force extraordinaire, il arrive souvent que les grappes sont ailées, ou plutôt composées de plusieurs grappes attachées à la principale de manière à changer la forme ordinaire et à présenter des fruits aussi larges que longs, lorsqu'ils sont d'habitude coniques allongées. Nous avons observé le même phénomène sur la récolte la plus abondante que nous ayons vue, en 1826.

Les feuilles présentent des différences très remarquables non seulement par leurs formes mais encore par leur teinte; il est des cépages que l'on n'a pas besoin d'approcher pour les reconnaître. Tantôt les feuilles sont pleines, tantôt elles sont profondément lobées; ou bien sur le même, elles sont l'un ou l'autre.

La couleur verte présente les mêmes dissemblances avec un caractère aussi constant. On y voit toutes les nuances du vert foncé au vert pâle; mais dans le même cépage et sur le même sol; la même teinte se maintient partout. Les feuilles se distinguent encore par la couleur matte ou brillante, et enfin il en est de lisses ou duveteuses; dans quelques-uns le dessous des feuilles est couvert d'un duvet blanc très prononcé. L'excellent cépage, la *Serine*, se distingue parmi ces derniers.

Une autre particularité pour laquelle nous ne connaissons aucune exception permet de distinguer peu de jours après la floraison et jusqu'à la chûte des feuilles, les cépages blancs des cepages colorés. Personne n'ignore que, dans le cours de l'été, les feuilles se tâchent de diverses couleurs; or chez ceux à fruits noirs ou violets, ces tâches sont lie de vin rouge, et chez les blancs, jaune pâle ou couleur feuille morte. Ainsi il est facile de préssentir quelle sera la couleur du fruit sur un cépage inconnu en l'examinant pendant la végétation estivale.

Par la forme et la couleur du bois et l'espacement des nœuds, les sarments offrent les mêmes facilités pour reconnaître les espèces. Le *Sémillion*, la *Vuidure-Cabernet*, le *Roumieu-Balouzat*, le *Malbec Estrangey*, la *Marolle*, se reconnaissent assez promptement à la couleur du sarment. La *Serine*, que nous avons introduite des bords du Rhône, à Gradignan, à si bien eonservé ses caractères que nous la reconnaissons à première vue parmi les nombreux cépages de la Gironde.

Ils se reconnaissent surtout facilement par l'ensemble des caractères du bois; si deux espèces ont de l'analogie par la couleur, elles diffèrent alors ou par la forme plus ou moins effilée ou ramassée du sarment, ou par l'espacement des nœuds. Le *Verdot* a le bois mince et les yeux écartés; le *pied d'Aouille*, au contraire, les a très rapprochés, et la multiplicité de ses vrilles le ferait reconnaître au milieu d'une vigne par l'œil le moins exercé. Le *Roumieu* se distingue non seulement par la couleur, mais encore par la grosseur du bois à sa base et par son peu de longueur.

Par toutes ces causes, nous croyons qu'il serait moins difficile qu'on ne le pense de ramener dans les collections à un type unique les espèces données sous noms différents, et de réduire considérablement leur nombre évidemment très exagéré.

A l'état sauvage, la vigne conserve ses principaux caractères. Nous avons rencontré plusieurs fois, en diverses positions, des vignes venues d'aventure dans les haies ou broussailles, et presque toujours nous avons reconnu leur analogie avec les cépages cultivés dans les environs: elles étaient
seulement plus grêles dans toutes leurs parties.

La vigne se distingue des autres arbres fruitiers par plusieurs particularités en ce qui regarde la formation des boutons fructifères et la floraison sur les premiers les boutons à
fruit sont déterminés et faciles à reconnaître avant la végétation. Ils s'épanouisssent immédiatement en une fleur sans
prolongation de bourgeon; dans la vigne au contraire tous les
yeux sont des boutons à bois, et la grappe se développe sur
ceux-ci en regard de la quatrième ou cinquième feuille.
Lorsque le sarment est parfaitement aoûté, si on l'aban-
donne à lui-même en s'abstenant de tailler, tous les bourgeons qui sortent de chaque nœud de la base au sommet,
produiront des fleurs et des fruits; et cet état peut se con-
tinuer pendant deux ou trois ans, mais alors l'épuisement
est tel, qu'elle cesse entièrement de produire. C'est cet épuisement que la taille modifie en régularisant la production;
cette cessation de toute floraison et la nécessité de la taille
qui en est la conséquence, établit encore une différence
tranchée entre elle et les arbres fruitiers.

La vigne est si féconde, ses dispositions à fructifier sont
telles que, dans chaque bourgeon, le nombre des grappes n'a
de limite que sa force végétative. Dans les plantations faites
avec les soins indiqués dans le cours de cet ouvrage, il n'est pas
rare de découvrir des bourgeons avec quatre étages de grappes;
nous en avons vu jusqu'à cinq; mais le fait le plus concluant
en faveur de l'opinion que nous venons d'émettre est celui-
ci : dans un terrain léger et profond, arrosé tout l'été, nous
avons vu des souches produire non seulement trois et quatre grappes par bourgeon, mais encore donner nais-
san e à l'aisselle de chaque feuille à un sous-bourgeon avec

chaque production de grappes présentant à cause de leur successivité, et avant la chûte des feuilles, tous les états possibles depuis la grappe à son apparition jusqu'à la plus complète maturité avec une décroissance uniforme.

La conduite des saisons a une influence marquée sur la production de l'année suivante; ainsi nous avons toujours vu une grande abondance de grappes, lorsque l'année courante a été précédé d'un été ou d'un automne très-chauds et très secs. Sur les côtes du Rhône la récolte de 1820 fut, à la vérité, presque nulle; mais le temps désastreux dont la floraison fut accompagnée durant un mois entier, explique cette apparente anomalie; les souches présentaient d'ailleurs immédiatement avant le plus bel aspect. La récolte la plus surprenante que nous ayons vue est celle de 1826, précédée de l'une des sécheresses les plus extraordinaire du siècle. Nous devons faire observer que la floraison s'opèra dans les meilleures conditions : une chaleur modérée, accompagnée du vent de nord pendant un mois. Après l'année 1823, remarquable par la continuité et l'abondance des pluies, la récolte de 1824 fut presque nulle.

La température *minima*, par laquelle la sève se met en mouvement dans la vigne, nous a paru être de huit degrés au-dessus de zéro. A Bordeaux et à Lyon, il n'est pas rare de voir cette température au milieu du jour en décembre et janvier. Ceci explique l'apparition, dans les hivers doux, de la bourre blanche qui précède l'enveloppe fauve du bourgeon cette année en offre un exemple remarquable.

Importance de la culture de la vigne en France.

En France deux millions d'hectares, au moins, sont consacrés à la vigne. Sur quatre-vingt six départements, treize seulement en sont entièrement privés. Dans une grande partie des bassins du Rhône et de la Garonne, et sur le littoral de la Méditerranée l'importance de cette industrie agricole l'emporte sur toutes les autres.

Les principaux avantages pour lesquels aucune ne peut lui être mis en parallèle, sont les suivants :

1. La nature du sol préféré ;
2°. Les bras occupés ;
3° Le mouvement commercial imprimé.

1° Le sol préféré.

Personne n'ignore que le mérite capital de la vigne est de fournir un haut produit sur des sols qui autrement seraient privés de culture, ou tout au moins ne donneraient que des bois rabougris, de maigres pâturages. Ainsi les grands crûs de Bordeaux, dont la valeur atteint 30,000 fr. l'hectare, ne vaudraient que 100 à 200 fr. au plus s'ils retournaient à leur état primitif; et les rochers avec lesquelles on a créé les riches vignobles de Côte-Rotie et de l'Hermitage, sont en quelque façon sorti du néant pour donner à l'un une valeur de *trente mille francs*, et à l'autre celle de *soixante mille*. Ce résultat n'est-il pas phénomenal? Quel autre pourrait-être mis en parallèle? N'est-ce pas un don de la providence qu'une plante puisse fournir à un mouvement commercial des plus importants, et donner un très haut prix à des sols qui autrement ne présenteraient qu'une triste nudité?

2° Les bras occupés.

Aucune branche de la grande culture ne procure une aussi forte somme de travail. On ne peut admettre moins de cent quarante journées à l'hectare, les frais de vendanges compris, pour les vignes échalassées et cent pour les autres qui forment à peu près le cinquième de la totalité (1). C'est donc pour l'année et pour toute la France 264 millions de

(1) Les vignes sans échalas se rencontrent plus particulièrement sur le littoral de la Méditerranée et partout où la vigne se cultive pour en distiller les produits.

journées que l'on doit estimer au moins 386 millions de francs (1).

Il est une autre considération de l'importance de laquelle beaucoup de personnes ne se rendent pas compte. La consommation des bois, échalas, pieux, cercles et merrains nécessaires à cette culture est telle qu'elle arrête la destruction des tailles et futaies, excite même à leur création. Cette vérité est surtout frappante dans la Gironde ; la zône des landes qui limite, au sud-ouest, sur une longueur de trente lieues et une profondeur de deux à trois, les vignobles de la rive gauche de la Garonne, n'atteint une valeur considérable que par cette cause ; hors, comme l'exploitation de ces bois est nécessitée en grande partie par la culture de la vigne, c'est un chiffre qu'il faut ajouter à la somme précédente.

Il faut encore tenir compte de la confection et de l'usure des instruments et outils en tous genres qui se traduisent en travail pour les forgerons, taillandiers, maréchaux-ferrants, tonneliers, cercliers, etc., etc.

En sorte que nous croyons être au-dessous de la vérité en portant le chiffre du travail fourni par la culture seule à quatr ecent vingt millions de francs

3° Le mouvement commercial imprimé.

Si la valeur donnée au sol par sa transformation, et le travail qui en résulte, mérite au plus haut degré de fixer l'attention des économistes et des hommes d'état ; le mouvement commercial imprimé par cette précieuse culture ne

---

(1) Autour et à six kilomètres de Bordeaux la journée d'homme, l'hiver, est de 1 fr. 20 c. et celle de femme est de 50 c. Nous ne connaissons aucune ville dans le voisinage de laquelle ces prix ne soient supérieurs. Si le contraire a lieu pour la cité, cela tient à des vices d'administration qui ne se rencontrent qu'à Bordeaux : partout ailleurs dans les contrés vignicoles, la journée varie entre 1 fr. 50 et 2 fr. et dépasse quelques fois ce dernier prix.

le mérite pas moins. Non seulement il donne lieu à un mouvement intérieur des plus considérables, mais encore, c'est le point capital, elle fournit au commerce extérieur un aliment auquel aucun autre produit du sol n'est comparable, avantage précieux, parce que la France étant sans rivale sous ce rapport, les nations étrangères sont forcées de lui payer un tribut.

Le passage de cette denrée des mains du producteur dans celles du négociant donne lieu, pour les ouvriers des villes, à une somme de travail presqu'aussi considérable que pour ceux de la campagne. La plupart des corps de métier sont intéressés à la prospérité de l'industrie vignicole par les constructions et charpentes qu'elles nécessitent, par les transports fréquents et nombreux résultats d'une matière encombrante, par l'énorme consommation des bois de tous genres pour fûts, caisses, etc., par l'alimentation qu'elle donne aux nombreuses verreries des bassins houilliers et des pays forestiers; etc., etc.

Nous regrettons de ne pouvoir assigner à ce mouvement commercial un chiffre, comme nous avons pu le faire, pour ce qui regarde la culture. Nous n'avons aucun document qui puisse nous servir de guide.

Observations sur les impôts qui grèvent la vigne et son produit.

La vigne est la seule plante pour laquelle l'agriculture de la France soit sans rivale. L'excellence et la salubrité de ses vins reconnue par toutes les nations les rendent tributaires; à tel point que la balance du commerce extérieur se résolvait en sa faveur avant la désastreuse invention des droits réunis, l'exagération des droits d'octroi, et toutes les mesures fiscales qu'elles entraînent à leur suite, qui ont réagi sur la consommation nationale et étrangère, soit par l'élévation des prix, soit par la prime donnée à la fraude, conséquence nécessaire de tout impôt exagéré.

Les gouvernements ne se sont pas contentés de surcharger une culture qu'il était politique d'encourager, puisqu'elle tend à mettre en valeur les terrains les moins productifs et les plus arides ; mais encore ils ont frappé son produit à plaisir, l'accablant d'entraves comme pour en réduire l'usage et semer la désaffection en réalisant la mise en action de la fable, *la poule aux œufs d'or.*

Ces réflexions se justifient par les faits suivants que nous croyons sans replique :

Territoire de Gradignan. — 1574 hectares.

Dont en vignes. —342. — Revenus imposab. — 15625. Impôt. — 2367 fr.

Bois et Landes
de toute nature —536. —   *idem.*   — 10641. *idem.* — 1915

Les trois quarts
de ces derniers.—402. — (1)   *idem.*   — 7990. *idem.* — 1436

Plantés en vignes produiraient par leur transfoomation. *idem.* — 2782

Différence en perte pour le trésor de l'Etat.   *idem.* — 1346

Le quart restant se compose de petis vallons susceptibles de donner de bonnes prairies, et serait transformé sans nul doute si la culture de la vigne rentrait dans le droit commun ; delà autre perte pour le trésor de   *idem.* — 448

Perte totale sur une seule commune : 1794 fr.

Nous admettons comme rigoureusement exact en *minimum* le chiffre de 1794 pour perte éprouvées par le trésor, ou plutôt pour la compensation qu'il retrouverait sur une seule commune par la réforme radicale de l'impôt des droits réunis. Si l'on observe que le territoire de Gradignan est l'un des moins étendu, que l'impôt sur les vignes est au-dessous de la moyenne, et enfin que toutes les communes du département, au nombre de 543, sont à très peu de choses près dans la même position territoriale, on restera convaincu que la compensation sur le seul département de la Gironde dépasserait *un million.*

(1) Ces bois et landes reposent sur des mamelons en graviers et donneraient par conséquent en vignes des vins de qualité semblables à ceux qui se récoltent actuellement sur le même territoire.

Ajoutons que toute la région méridionale, une forte partie de la région centrale, et presque toute la région orientale du nord au sud, se trouvent dans la même position; qu'il peut arriver que la transformation du sol opère les mêmes prodiges sur quelques points; ainsi que cela a eu lieu sur les côtes du Rhône, *à l'Hermitage, impôt 96 fr. par hectare, à Côte-Rôtie, 63 francs; etc., etc.*, à la place de rochers nuds et 60 fr. dans un grand nombre de lieux de la Gironde, sur des graviers arides.

Enfin, si l'on a égard au prodigieux essor que donnerait cette réforme, à toutes les industries solidaires de la vigne, et aux commerce intérieur, extérieur et maritime, on finira par comprendre qu'elle amènerait en peu d'années une augmentation de bien-être et de prospérité qui effacerait entièrement le déficit momentané, résultant de l'abolition des droits réunis.

Heureux le gouvernement qui saura saisir cette occasion unique de se populariser, en portant résolument la main sur une réforme attendue avec impatience par toutes les populations !

CULTURE DE LA VIGNE.

CHAPITRE PREMIER

Des causes qui influent sur la production.

Climat. — Causes locales. — Saisons. — Sol et sous-sol. — Situation.
Cépage. — Culture.

CLIMAT.

La température, l'état hygrométrique de l'atmosphère
sont, pour ce qui regarde le climat, les causes qui ont le
plus d'influence sur la production.

Les deux produits principaux de la vigne, le vin et l'alcool, pour être le but d'une industrie avantageuse, exigent une complète maturité de fruit. Le 1er n'est de
garde, agréable et salubre, et le 2e abondant et de bonne
qualité, qu'à cette condition.

Le défaut de chaleur peut se combattre par le choix du
sol, de l'exposition, du cépage et de la culture : à tel
point, que la vigne pourrait se planter avec avantage
sous des latitudes plus septentrionales et sur des pentes
plus élevées. Le choix d'un gravier sablonneux, sur une
pente rapide au midi, comparé à un terrain plane de
fertilité moyenne, peut-être considéré comme l'équivalent
de 3 degrés en latitude.

Quant aux cépages, les différences sont à peu près
aussi remarquables. Parmi les plants cultivés pour le vin,

le plus précoce que nous connaissons est le sarvagnin noir, répandu dans quelques contrées du JURA, de la vallée du LÉMAN et de la SAVOIE. Il mûrit très-peu de temps après le morillon noir hâtif, autrement dit raisin noir de la Magdeleine. Dans le département du RHÔNE, à 45° ¹/₂ de latitude, il est des positions où il pourrait se vendanger en juillet, 1 année sur 3.

Il est encore possible d'avancer la maturité, sans inconvénient pour le produit, par une culture perfectionnée. Ce sera le sujet d'un article à part.

L'humidité du climat est un obstacle à la maturité, l'orsqu'elle surabonde. On se débarrasse assez bien de son excès par des travaux qui seront expliqués en leur lieu.

Il est tellement rare, en FRANCE, de voir la récolte atteinte par défaut d'humidité, que l'on peut avancer que la sécheresse du climat n'est jamais un obstacle à sa culture. Sur le littoral de la Méditerranée, il est très-commun de rester plusieurs mois sans pluie ; néanmoins, la vigne s'y plante, comme ailleurs, dans les sols les plus secs.

En FRANCE, partout où le raisin mûrit facilement, il en est des gelées d'hiver comme de la sécheresse : le cultivateur ne doit pas s'y arrêter. Cependant, et principalement dans les régions orientales, il est des positions où les vignes éprouvent, au moins partiellement, les funestes effets des hivers rigoureux qui se font ressentir tous les 8 à 10 ans (1830 et 1838).

CAUSES LOCALES.

Sous ce titre nous comprenons la grêle, les gelées du printemps, et certains brouillards ou rosées abondantes,

causes fréquentes de coulure dans des positions particulières.

Quoique la grêle sévisse principalement et presque uni-
quement sur les régions tempérées, cependant elle est,
selon nous, plutôt le résultat d'une cause locale, puisque
sous les mêmes latitudes, et sur des territoires voisins,
il en est qui ne sont jamais frappés, et d'autres, au contraire, qui le sont presque tous les ans. Dans ces derniers,
nous avons peine à concevoir comment la culture de la
vigne peut s'y soutenir.

Quoique les gelées du printemps se fassent ressentir
partout, et qu'elles tiennent particulièrement à des causes générales, néanmoins leur effet est tellement modifié
par les causes locales et les travaux de l'homme, que nous
n'hésitons pas à les ranger sous le même titre.

Le voisinage des hautes futaies et des grands amas
d'eaux stagnantes, et les vallons profondément encaissés,
lorsqu'ils sont dominés par des cimes couvertes de neige
ou de bois, sont les circonstances où les gelées du printemps se font le plus fortement ressentir.

Les exemples de désastres causés par cette plaie sont
nombreux dans la GIRONDE. Nous connaissons un village,
près de la propriété que nous exploitons, où il gèle souvent en juin, tandis que, sur la même commune, il est
des positions assez heureusement situées pour que la récolte n'en soit jamais diminuée.

Dans les vallées encaissées et abritées des vents, les
rosées sont parfois abondantes au point de couvrir les
végétaux comme à la suite de la pluie, ou bien un léger
brouillard s'élève et se traîne sur les côteaux au lever du
soleil. Dans ces circonstances, si la rosée et le brouillard se dissipent sous la seule influence de la chaleur so-

laire, le désastre pourra être considérable. La vallée du Rhône entre VIENNE et CONDRIEU, en fournit un exemple frappant.

Les saisons sont extrêmement variables. Elles diffèrent toujours des précédentes par leur température, la rareté ou l'abondance des pluies, mais surtout par leur répartition dans les différents mois de l'année. Ces variations ne sauraient être attribuées au climat, puisque la même saison se fait remarquer dans la même contrée par les défauts les plus opposés. Il est peu au pouvoir de l'homme de modifier cette variabilité. Ce serait sortir de notre sujet que de traiter cette question. Nous avons pour le moment à signaler ses effets, et plus tard nous étudierons les moyens de les atténuer.

Les pluies abondantes et soutenues sont nuisibles à la vigne et à son produit pendant toute la durée de la végétation. Au printemps, elle la prédispose à un état maladif dans les contrées à sous-sol imperméable, et dans tous les pays elle amène invariablement la coulure au moment de la fleur, sauf une seule circonstance déjà signalée par nous, et que nous rappellerons en son lieu.

Au moment de la maturité, elle met obstacle à l'élaboration de la sève, et diminue par cette cause la valeur vénale du raisin.

Nous avons encore à faire ressortir un effet de la variabilité des saisons, qui a été peu étudié, et sur lequel, à notre grand regret, nous n'avons pas de faits nouveaux à signaler.

Il arrive parfois que le raisin ne donne qu'un vin médiocre, malgré une maturité parfaite, et sans que des pluies intempestives aient fait remonter la sève. Ce phénomène se rencontre à la suite d'un été et d'un automne à température peu élevée. Dans cette circonstance, beaucoup de propriétaires se hâtent trop de vendanger. Nous en avons eu un exemple en 1843, dans les vignes qui n'avaient pas souffert des gelées tardives. Il y eut une différence énorme entre les vins de cette année. L'époque choisie pour les vendanges en a été la principale cause.

La sécheresse peut diminuer considérablement le produit lorsqu'elle persiste jusqu'en automne : la baie grossit peu ; la peau devient épaisse et dure, et le produit en est quelquefois diminué de moitié, ainsi que nous l'avons vu en 1846. Mais aussi certaines qualités qui font rechercher les vins y sont exaltées à un degré extrême : la couleur, le corps et la vinosité.

La saison la plus avantageuse au produit vénal de la vigne est la suivante : une température un peu élevée au moment de la fleur, accompagnée, à de rares intervalles, de pluies douces et légères. Le fruit noue promptement et facilement sous l'influence de la chaleur, et de petites pluies provoquent une faible coulure, toujours avantageuse à la valeur du raisin. La même conduite dans la saison est utile jusqu'aux vendanges, mais surtout à leur approche. Les qualités qui distinguent les grands vins y seront exaltées en raison de l'élévation de la température, et les pluies douces et rares qui surviennent au moment et peu de temps avant la récolte, en ramollissant la pellicule, sans faire remonter la séve, augmentent le rendement de la vendange et diminuent la dureté des vins en les prédisposant à devenir plus-tôt potables, sans nuire à la couleur et au bouquet : 1844 en est l'exemple le plus remarquable dans la GIRONDE.

SOL.

De toutes les causes qui agissent sur la production, le sol est, sans contredit, la plus puissante. D'abord, et en première ligne, par sa fertilité.

A part l'humus, la fertilité est ordinairement en raison du nombre et de la composition des éléments terreux. Ainsi, les sols les plus fertiles renferment le sable, l'argile et le carbonate de chaux dans une proportion qui leur permet de retenir en tout temps l'humidité sans excès, et leur donne cette friabilité qui facilite la pénétration des météores, la chaleur, la pluie, les gaz.

Quoique la fertilité à un certain degré soit de nécessité absolue pour produire le raisin dont la transformation donne le vin et l'alcool, but principal de la culture de la vigne, cependant la valeur vénale des vignobles et de la liqueur qu'ils produisent est ordinairement en raison inverse de cette fertilité. En d'autres termes, les vins les plus exquis, du prix le plus élevé, sont le produit de terrains légers, se laissant facilement pénétrer par la chaleur, et se débarrassant rapidement de l'humidité surabondante.

Toutefois, l'on ne peut pas dire rigoureusement que la valeur vénale soit en raison inverse de la fertilité, car ce principe, poussé à ses dernières limites, aboutit presque toujours à donner un produit qui ne peut payer la dépense, qu'elle que soit la haute qualité de la liqueur.

En FRANCE, les vins les plus renommés se récoltent sur des graviers siliceux, calcaires ou argileux (GIRONDE); sur des terres très-calcaires, pierreuses (CÔTE-D'OR); sur des débris pierreux de granit, ou schiste (CÔTES DU RHÔNE).

L'influence du sol est en première ligne d'une importance capitale, à ce point qu'il est possible de récolter une liqueur distinguée, quelle que soit l'exposition et le cépage, à de très-rares exceptions près, sous la seule condition d'une maturité parfaite.

A cet égard, le vignoble de la GIRONDE est la meilleure école qu'il soit possible de rencontrer. On y trouve des vins de haute qualité à toutes les expositions, et avec des cépages très-divers. Mais partout le sol présente cette composition particulière que nous avons signalée plus haut. (Voir a ce sujet l'ouvrage de Franck sur les vins de Bordeaux. *Vol. in 8° 2° éd. ...*

Les qualités qui flattent l'odorat et le goût paraissent être principalement le résultat de la composition des éléments terreux. Il est impossible de ne pas reconnaître l'exactitude de cette assertion, lorsqu'on examine le vaste vignoble qui borde la rive gauche de la Garonne. Tous ces vins récoltés sur des graviers renferment bien à la vérité, sans exception, cette précieuse qualité qui les fait rechercher partout, la légéreté et la salubrité ; mais chacun a un cachet particulier qui le distingne, et souvent deux propriétés voisines, également célèbres, ont un bouquet et une sève d'un genre différent. Or, lorsque nous avons examiné le sol, nous avons toujours vu dans sa composition une différence sensible à l'œil.

Tout propriétaire qui voudra établir un vignoble choisira donc le terrain le plus léger, celui qui se laisse le plus facilement pénétrer par la chaleur, sans égard au défaut de fertilité : défaut facile à combattre, sans altérer sensiblement la qualité, ainsi que nous le démontrerons plus loin.

SOUS-SOL.

A un degré moindre, le sous-sol joue un rôle important dans toute culture. Ainsi, dans la GIRONDE, parmi les bons crus, et souvent sur la même propriété, il varie à chaque pas, sans que la partie supérieure puisse toujours faire prévoir ces changements.

Son influence est semblable à celle du sol qui le surmonte. Le meilleur vin, dans la même contrée, passe pour être le produit des fonds à sous-sol d'allios, sur lesquels la chaleur a plus d'action.

Les sous-sols argileux favorisent la production, parce que l'humidité s'y maintient, l'été, en de bonnes proportions.

Les mêmes observations sont applicables aux vignes appuyées sur des bancs de roches calcaires, granitiques ou schisteuses.

EXPOSITION.

A cépage et terrain égal, l'exposition du midi l'emporte sur les autres. Non-seulement le raisin y mûrit mieux, mais encore le vin en est meilleur. Nous ne connaissons aucune exception à cette règle sur les vignobles du RHÔNE. Dans la GIRONDE, au contraire, les exceptions en sont nombreuses. Cependant, aucune ne détruit la règle, et la plupart la confirment. Ainsi, dans tout vignoble considérable où se rencontrent plusieurs expositions, le meilleur vin se récolte toujours dans la partie qui reçoit le plus directement et le plus longtemps les rayons solaires. Si le contraire a lieu parfois, c'est que le sol a subi un changement notable dans sa constitution ; ce qui confirme l'importance que nous lui avons attribuée en première ligne.

La circonstance de vins renommés, récoltés sur des pentes opposées au midi, a fait croire et dire à quelques auteurs que ce fait était dû à l'influence du vent du nord. Il nous est impossible d'admettre une pareille explication. Nous croyons qu'il est dû à l'influence du sol. Notre opinion se fonde sur de nombreux exemples tirés de tous les vignobles que nous connaissons ; mais par-dessus tout, de ceux de la GIRONDE, où ils se rencontrent à chaque pas.

La pente du sol contribue à améliorer la récolte en favorisant la maturité par un dessèchement plus rapide, et en augmentant l'action de la chaleur solaire. Sur la rive gauche de la Garonne, où se récoltent les meilleurs vins de cette région, les coteaux y sont peu élevés, souvent à peine sensibles : c'est alors le point culminant qui remplit le mieux les conditions précédentes.

Dans les contrées où les vignes se trouvent sur la pente de montagnes ou côtes fort élevées (CÔTE-D'OR et RIVES DU RHÔNE), le meilleur vin se récolte à mi-côte, parce que l'action directe du soleil et la chaleur par réflexion s'y font ressentir plus vivement, et le raisin y mûrit mieux.

Dans cette dernière circonstance, indépendamment de l'abaissement de température qu'ils éprouvent en raison de leur élévation, les sommets ont encore l'inconvénient d'être plus exposés aux grands vents qui déchirent les feuilles et les pampres, et affectent la production en affaiblissant les sarments destinés à la taille, et enlevant par le déchirement des feuilles une partie de la nourriture du raisin.

SITUATION.

La situation par rapport aux lieux circonvoisins est

à considérer ; elle joue parfois un rôle important.

Une des plaies les plus redoutables, ce sont les gelées du printemps. Or, il est des vignes qui n'en sont jamais affectées. Il en est, au contraire, dont la récolte est souvent ravagée par cette cause. Il est donc essentiel d'y faire attention et d'y avoir égard. Il faut éviter le voisinage des bois et des marais. L'air y est toujours plus froid les nuits, et les rosées et brouillards y sont plus abondants : de là les gelées printanières, et, plus tard, la coulure.

Il est des situations plus exposées les unes que les autres à la grêle. Nous ferons, pour cette plaie, le même raisonnement que pour la précédente.

La position d'un vignoble sur le bord des rivières et des lacs est considérée par tous les auteurs comme favorable à la qualité du vin. Cette question ne nous semble pas assez éclairée. Nous ne nous hasarderons pas à la trancher. Nous nous contenterons de faire remarquer que, parmi les nombreux vignobles qui entourent BORDEAUX, connus partout sous le nom de GRAVES, le plus célèbre, HAUT-BRION, est à une grande distance de la rivière, dont il est séparé par plusieurs petits coteaux et vignobles moins estimés.

Le voisinage des rivières et des lacs est toujours accompagné de deux circonstances particulières qui influent sur la production, une température plus élevée et des rosées plus abondantes. La 1re suffit déjà pour expliquer la différence entre le vin de la côte et celui de l'arrière-côte. La 2e doit être favorable à la grosseur du fruit ; l'est-elle à sa qualité ? c'est ce que nous ignorons.

CÉPAGE.

L'étude du cépage est d'une importance capitale. Quelques-uns se distinguent par les qualités précieuses qu'ils communiquent au vin : le *bouquet*, la *suavité du goût*, la *délicatesse*, la *finesse*, qui font les délices des connaisseurs ; la *couleur*, la *spirituosité*, recherchées par le commerce.

Il en est qui réunissent à ces avantages une production abondante. Quelques-uns joignent à une fécondité extraordinaire une couleur qui les fait rechercher, ou une spirituosité suffisante pour en retirer l'alcool avec avantage.

Certains cépages donnent un grand produit dans tel terrain, tandis qu'il devient insignifiant dans un sol d'une nature différente. Celui-ci coule dans les terres humides ; celui-là dans les terres sèches.

Indication de quelques cépages remarquables, avec les qualités qui les distinguent.

Pineau noir. — Base des vignobles de la CÔTE-D'OR et des plus estimés de la région septentrionale. — Plant et produit faibles. — Maturité très-précoce. — Taille à court bois.

Pineau franc, noir. — Se rencontre, mêlé au précédent, dans la BOURGOGNE. — En diffère par un produit plus abondant et une maturité plus tardive. — Taille à court bois. — Suivant quelques propriétaires, sa liqueur serait meilleure que celle du précédent, qui lui est préféré parce que sa maturité n'est pas toujours parfaite. — Nous croyons qu'il serait avantageux de l'introduire dans la GIRONDE et dans toute la région moyenne.

Gamé noir. — Base des vignes de la basse BOURGOGNE (SAÔNE-ET-LOIRE) et du BEAUJOLAIS (RHÔNE). — Plant vigoureux et productif. — Maturité précoce. — Taille à court bois. — Craint les terres fortes et humides. — L'un des plus avantageux à cultiver, parce qu'il joint aux mérites précédents celui de pouvoir se passer d'échalas sans inconvénient.

Serine noire. — Base de quelques vignobles des rives du Rhône, et plus particulièrement de CÔTE-RÔTIE, où il est cultivé sans mélange d'autre noir. — Plant très-vigoureux et productif. — Maturité moyenne. — Taille à long bois. — La taille à court bois le fait pousser en sous-bourgeons aux dépens du fruit. — Craint les terres humides. — Vin coloré et spiritueux.

Sira noire. — Même contrée. — Base du vignoble de l'HERMITAGE. — Nous le croyons le même que la serine, sans en être complétement certain. — Les mêmes observations lui sont applicables.

Persaigne noir. — Cultivé dans quelques départements de la vallée du RHÔNE pour son produit, le plus extraordinaire que nous connaissions. Il est des vignes à 12 kilomètres de LYON, sur la route de GENÈVE et STRASBOURG, dont la récolte dépasse parfois 240 *hectolitres à l'hectare*. — Maturité tardive. — Taille à long bois. — Réussit mal dans les terres très-sèches. — Vin coloré.

Vionnier blanc. — Base sans mélange des vignobles de CONDRIEU, CHATEAU-GRILLÉ et S¹-MICHEL. — Se trouve mêlé avec la serine à CÔTE-RÔTIE. — Productif. — Maturité moyenne. — Taille à long bois.

Roussanne et marsanne blanches. — Bases du vignoble de S¹-PÉRAY. — Se trouvent mêlées à la sira, à l'HERMITAGE. — Maturité moyenne.

Cépages noirs de la Gironde.

Vuidure, carmenet ou cabernet. — Le plus estimé des plants de noir de cette contrée, où il se trouve en mélange avec un très-grand nombre d'autres. — Productif. — Maturité moyenne. — Taille à long bois. — Vin très-léger. — De tous ceux que nous connaissons, c'est celui qui nous a paru redouter le moins les terres humides.

Vuidure sauvignonne, cabernet sauvignon. — Les mêmes observations lui sont applicables. Seulement la maturité est plus hâtive, ce qui lui fait donner parfois la préférence sur le 1er.

Merlot. — Productif. — Maturité du précédent. — Taille à long bois. — Vin très-coloré.

Malbec. — Productif. — Maturité des 2 derniers. — Taille à court bois. — Vin très-coloré.

Marolle. — Très-vigoureux. — Très-productif, après 8 à 10 ans de plantation. — Maturité moyenne. — Taille à long bois.

Roumieu. — Les mêmes observations lui sont applicables. — Taille à court bois. — L'un des plus avantageux, selon nous, à introduire partout où il mûrit complétement. Il peut se passer d'échalas aussi bien que le gamé, et, contrairement à la règle, il ne coule presque jamais dans les graviers les plus secs. — Vin de garde, très-coloré.

Verdot. — Base des meilleures vignes de PALUS, où il se charge considérablement de grappes petites, mais très-nombreuses. Le plus tardif à la maturité de tous ceux qui précèdent, et de tous les plants cultivés dans la GIRONDE. — Taille à long bois. — Vin très-noir, et de la qualité la plus distinguée. — D'un produit insignifiant dans les

graviers, où il doit céder la place à la vuidure. — Nous
sommes persuadé qu'il serait une très-bonne acquisition
sur le littoral de la Méditerranée.

Cépages blancs de la Gironde.

Sauvignon. — Le plus estimé dans les vignobles blancs
de la Gironde. — Grappes petites, mais abondantes
et serrées. — Maturité moyenne. — Taille à long
bois.

Sémillon. — Plant vigoureux. — Produit cependant
faible, au moins dans les graviers, parce que ses baies
sont très-espacées et peu nombreuses. — Maturité moyenne. — Taille à court bois.

Blanc verdet. — Très-productif. — Grappes nombreuses et serrées, toujours vertes à la maturité. — Un peu
moins précoce que les précédents. — Taille à long bois.

Enrageat ou (folle blanche.) — Produit extraordinaire ne
manquant jamais. — Maturité moyenne. — Taille à court
bois. Base des vignes de la SAINTONGE, pour la distillation.

De tous ces plants, les plus remarquables, selon nous,
sont la *vuidure*, la *sira* et la *serine*. Ce sont eux qui
réunissent le plus grand nombre de qualités : — produit
considérable ; — raisin peu sujet à manquer et à pourrir ; — maturité facile depuis le 46e degré de latitude ;
— liqueur de la plus grande distinction, par le bouquet,
la sève et la finesse ; les deux derniers par leur belle couleur,
qui justifierait leur association à la *vuidure* que nous
conseillons dans la GIRONDE, à l'exclusion de toute autre,
comme approchant davantage de la perfection.

Nous renverrons à un livre spécial ce que nous avons
à dire sur les raisins de table.

CULTURE.

L'importance de la plantation n'est pas appréciée partout à sa véritable valeur. Nous connaissons des contrées où elle est bien entendue, sans exception, par les propriétaires et simples cultivateurs. Il en est, au contraire, où l'on agit presque au hasard, sans principes fixes ; où, à côté de personnes qui font des frais que l'on pourrait croire exagérés, il en est d'autres qui, poussant la simplicité jusqu'à supposer que la vigne peut produire sans dépenses, la plantent sur un simple labour à la charrue, dans des terres maigres, arides, épuisées par une mauvaise culture. Cependant, on ne saurait trop se le persuader, l'avenir d'une vigne repose principalement sur la plantation. Mal plantée, elle sera toujours chétive ; son produit ne payera jamais les frais, si faibles qu'ils soient.

On ne saurait trop avoir présent à l'esprit que la dépense se répartit sur toute la durée des souches, *un demi-siècle en moyenne*, et que les frais de culture se renouvelant tous les ans, sont les mêmes, quel que soit le produit.

La taille est de nécessité absolue. La vigne livrée à elle-même ne donne aucun fruit. Lorsqu'une souche à l'état sauvage a été coupée par le pied, et qu'elle est ensuite abandonnée à elle-même, ainsi qu'il arrive pour celles qui se trouvent au milieu des haies ou broussailles mises en coupes réglées, elle produit à la 3e année et les deux suivantes ordinairement, et cesse de produire jusqu'à deux ans après avoir été coupée de nouveau.

Le labour est encore de nécessité absolue, cependant pas au même degré que la taille, parce qu'une vigne taillée tous les ans peut donner quelques fruits sans labour. Mais, pour avoir un produit net quelconque, il faut absolument que la terre soit maintenue propre et meuble à sa surface.

Le produit est en raison du nombre des labours. Nous connaissons des vignes à 2, 3, 4 et 5 labours dans le voisinage les unes des autres, et des sols semblables. Lorsqu'elles sont côte à côte, la différence est sensible au 1ᵉʳ coup d'œil, même pour les deux derniers qui sont les moins importants : car leur effet est évidemment en raison inverse du chiffre de leur ordre. Ainsi, le 5ᵉ est moins important que le 4ᵉ, celui-ci que le 3ᵉ, et ainsi de suite.

Il n'est pas rare de voir des souches d'une vigueur extrême dans des cours où le terrain n'est jamais fouillé. Nous avons entendu quelques personnes présenter ce fait comme une exception ; elles n'ont pas réfléchi que, non seulement la vigne trouve dans cette circonstance un vaste espace libre, mais encore qu'elle reçoit une nourriture incessante et très-abondante par les débris organiques et calcaires de diverses sortes, apportés par les pluies qui délavent les toits et les constructions voisines.

Le relevage des pampres est presque toujours favorable à la production, ou plutôt à la valeur vénale du raisin, en avançant la maturité et diminuant les effets de la pourriture.

L'effeuillage concourt parfois à augmenter le produit en neutralisant les intempéries de la saison et diminuant les frais de vendange.

Le déchaussement, comme labour, et par la destruction des racines superficielles, sert encore à la production.

Enfin, les engrais et amendements, et les transports de terre végétale aident puissamment, et sont même, dans certaines circonstances, d'une nécessité absolue pour le produit net.

CHAPITRE II.

De la plantation et des circonstances qui l'accompagnent.

1.° LABOURS DE PRÉPARATION.

Pour la plantation d'une vigne nous admettons, et il est démontré pour nous, que le défoncement est de nécessité absolue., enfin d'obtenir un produit en rapport avec le capital engagé.

A la vérité, il est des sols qui présentent une belle végétation par un labour ordinaire, tels que la plupart des alluvions récentes ; mais en bonne économie, ils ne doivent pas être consacrés à la vigne. Cependant tel est le mérite des labours profonds que le bénéfice qu'ils procurent, est toujours considérable même dans cette circonstance.

De deux vignes qui se touchent, dont le sol est à peu près semblable, si l'une donne du bénéfice et l'autre de la perte, la culture étant la même, l'on peut affirmer d'avance que la différence provient du labour à l'origine de la plantation bien plus encore que des engrais enfouis.

L'importance de la profondeur du labour est en raison de la sécheresse et de la légèreté du sol ; c'est le meilleur moyen de combattre le défaut d'humidité et de fertilité, et le grillage du raisin.

Quoiqu'il soit exact de dire que le résultat économique est en raison de la profondeur du labour, cependant il est une limite qu'il ne convient pas de dépasser, et après laquelle cet aphorisme cesse d'être vrai, principalement par la difficulté de la main-d'œuvre.

Il n'est dans la GIRONDE aucune règle établie sur ce point. On y prépare le terrain indifféremment à toute

2

profondeur. Aussi, il existe à chaque pas des différences considérables dans le produit sur des sols semblables. Il n'en est pas de même sur les bords du Rhône ; les vignes sont presque partout également belles, et l'on y suit une règle pour ce travail. Ainsi, il est admis que, dans les terres les plus sèches, le défoncement doit être de 0^m,66. Cette mesure suffit pour donner une production abondante. Nous admettons donc, et nous donnerons comme règle, économiquement parlant, la profondeur de 0^m,66 dans les terrains secs et chauds, sous le 45me degré de latitude. Le chiffre doit varier en raison de la température locale. Il doit être plus considérable au midi et moindre au nord : c'est pour cela que dans des sols et des positions semblables, les vignerons de PARIS défoncent à 0^m.50 seulement.

Partout où le raisin mûrit facilement, au midi de BORDEAUX et de LYON, il convient d'étendre la règle précédente aux terres de bonnes qualités, parce que le produit en sera augmenté sans inconvénient pour la maturité ; il n'en est pas à beaucoup près de même dans les départements Septentrionaux, où l'on obtient une liqueur agréable en facilitant la maturité par tous les moyens au pouvoir de l'homme. Or, dans ces contrées, une grande vigueur serait un obstacle à une maturité complète. C'est par cette cause que le labour de préparation en vue d'une plantation de vigne, diminue en profondeur en s'approchant de la limite Septentrionale.

Dans la GIRONDE, sur la rive gauche de la Garonne, la terre végétale a presque partout 0^m,50 à 0^m,55, profondeur suffisante pour une production avantageuse. Le climat y est moins sec et le soleil moins ardent que dans la vallée du Rhône. Mais, lorsque par le travail des eaux, ou toute autre cause, cette épaisseur que nous donnons comme limite à *minimâ* est réduite, il convient de la parfaire, et l'on ne doit pas être arrêté par le sous-sol ; quelques centimètres de terre infertile ramenés à la surface ne sont jamais un obstacle à la vigueur de la vigne.

Pour les vignes pleines, il est beaucoup plus avantageux de défoncer complètement, et en une seule fois, que de faire des fossés. Non-seulement les racines s'étendront plus facilement, la végétation sera plus belle, le produit arrivera plus tôt et sera plus considérable dans le premier cas que dans le deuxième; mais encore la dépense sera à peu près la même, parce que l'un exige deux opérations qui se confondent, en une seule dans l'autre, la terre du fossé à ouvrir servant à remplir immédiatement le fossé ouvert. La préparation par fossé ne convient que pour la culture en hautains ou jouailles.

Dans les positions en plaine ou peu accidentées, le travail peut se faire partie à la charue et partie à bras, lorsque le terrain est exempt de souches et racines. La charrue ouvre un sillon de $0^m,17$ à $0^m,20$, et des hommes en nombre suffisant achèvent le fossé au moyen de la bêche. Dans les sols très-légers, ou depuis longtemps en culture, il est possible d'ouvrir le fossé tout entier à $0^m,50$ avec un seul trait de charrue, ainsi que nous l'avons vu faire.

Lorsque le terrain renferme de grosses pierres ou des roches, elles seront brisées, si elles sont friables : autrement, elles seront enlevées, et mises à part, soit à cause de l'obstacle qu'elles apporteraient aux travaux subséquents, ou de leur valeur particulière pour les constructions, routes et clôtures. Enfin, elles peuvent être employées à racheter les pentes sur les côtes rapides, en établissant des murs à pierres sèches, ainsi que cela se pratique dans certaines localités, particulièrement sur les rives du Rhône. Ces travaux s'exécutent quelquefois à l'entreprise. On rencontre des individus qui livrent aux propriétaires un terrain tout planté pour la somme de 1,400 fr. l'hectare, défoncement à $0^m,66$, murs en terrasse et plantation compris, dans une contrée où la journée d'hiver n'est jamais au-dessous de 2 fr.

Dans la GIRONDE, nous avons fait des défoncements à cette même profondeur, après avoir entamé un alios quelquefois très-dur sur $0^m,20$; au prix de 440 fr. à la journée de 1 fr. 20 cent.

Lorsque nous nous sommes contenté d'un labour de $0^m,50$ à $0^m,55$, travail que nous considérons comme suffisant dans le BORDELAIS, nous avons pu l'exécuter, par deux fers de bêche, au prix de 180 à 200 fr. Enfin, dans les landes couvertes d'ajoncs et de bruyères, il nous est revenu de 250 à 270 fr., à la pioche, le sol nettoyé et nivelé, prêt à être planté. Dans cette circonstance et la précédente, la terre végétale avait partout de $0^m,50$ à $0^m,55$, profondeur ordinaire dans les sols légers.

Les sols couverts de bois et les terres acides ne peuvent être plantés immédiatement. Ils doivent être mis en culture deux ou trois ans avant d'y confier la vigne. Il n'y a d'exceptions à cette règle que pour les graviers sablonneux à sous-sol perméable. Pour avoir ignoré ces faits, des propriétaires et des spéculateurs ont éprouvé parfois de graves mécomptes.

Les sols depuis longtemps en culture peuvent se planter avec fruit, sans addition d'engrais. Il en est de même des friches couvertes d'un épais gazon ; quand à celles dont une herbe rare et chétive annonce la maigreur, il convient d'en répandre, sous peine de recommencer après avoir perdu plusieurs années et le prix de son travail.

Si l'abondance des engrais fait souvent pousser en bois aux dépens de la fructification, nous n'avons jamais vu le labour produire le même résultat, quel que fût sa perfection.

2°. PRÉCAUTIONS CONTRE LES EAUX SURABONDANTES.

La GIRONDE présente la meilleure école pour l'étude du point que nous allons traiter. Partout, à peu d'exceptions près, le sous-sol y est imperméable ; soit qu'on y rencontre l'argile en banc ou l'alios, l'eau regorgerait à la surface en temps de pluie, et détruirait les cultures et plantations, si l'on n'y prenait aucune précaution pour son écoulement. Nous considérons cette plaie comme la plus redoutable de celles qui attaquent la vigne et toutes les cultures. Non-seulement elle fait périr directement les plantes, mais encore indirectement en contribuant à augmenter les désastres de la gelée et de la coulure.

Dans la GIRONDE, on pare à cet inconvénient en établissant la plantation en planches bombées, comme pour les cultures ordinaires. Autrefois, ces planches étaient larges : aujourd'hui on les rétrécit, et on les réduit à deux ou quatre rangs de souches. La profondeur des rigoles doit varier en raison de l'humidité du sol, et il convient dans les cas extrêmes, que ce mode soit renforcé à des distances suffisamment rapprochées par des fossés transversaux plus profonds que la plantation.

Dans quelques pays, les planches sont plates. Leur largeur est en raison inverse de l'humidité du sol. Elles sont séparées par des sentiers profonds, qui servent à la fois à l'écoulement des eaux et à faciliter la circulation pour les travaux.

Dans les contrées à sous-sol perméable, tout se borne à ménager un écoulement suffisant aux eaux qui arrivent des régions supérieures, en temps d'orage, au moyen de rigoles creusées et maintenues dans les dépressions du sol. Ce défaut de précautions occasionne parfois des désastres dans les pays à pentes rapides, en entraînant les terres et toutes les plantes qu'elles supportent.

3°. CLÔTURE.

La vigne a beaucoup d'ennemis contre lesquels on doit la défendre. Losqu'elle est située au milieu d'un grand pays vignoble, entourée du même genre de culture, les dégâts sont moins à redouter, et il devient inutile de clore. Il n'en est pas à beaucoup près de même lorsqu'elle est isolée, entourée de chemins et de pâturages : alors il est très-important de songer à cette amélioration.

Le meilleur genre de clôture serait sans contredit les murailles, si ce n'était la dépense, à cause des abris qu'elles présentent et que l'on peut toujours mettre à profit, quelquefois avec un très-grand avantage, à la portée des grandes villes. Cependant nous ne le donne rons pas pour règle. Nous ne connaissons rien qui remplisse mieux les questions d'économie et de défense que les haies d'aubépine maintenues basses par la toute. Ce genre de clôture est très-suivi et bien entendu dans les communes qui environnent BORDEAUX.

Il faut éviter d'employer pour haies les arbres qui prennent un grand développement et dont les racines sont traçantes, tels que les *acacias, ormes, chênes,* etc. ;

à moins qu'il n'ait été réservé entre la haie et la vigne un espace assez vaste consacré à d'autres cultures.

Quelle que soit l'essence de la haie, il convient de laisser une largeur suffisante pour qu'une charrette puis s circuler à l'entour : non-seulement parce que le service en sera plus facile, mais encore parce que le produit des souches voisines d'une haie est toujours au-dessous des frais de culture.

4°. CHOIX ET PLURALITÉS DES CÉPAGES.

Nous considérons le choix des cépages comme un point de la dernière importance. A part un très-petit nombre d'exceptions, cette partie de la culture de la vigne est mal entendue dans la Gironde. Nous n'en exceptons pas même les grands crûs. Nous en avons visité deux, et nous nous sommes assuré de l'exactitude de ce que nous avançons.

N'est-il pas irrationnel au dernier point de rencontrer pêle-mêle au milieu d'une vigne, trente cépages et plus, de force, de produit et de maturité différents. Toutefois nous reconnaissons que cette erreur tend à se modifier, et que, depuis le peu d'années que nous habitons ces contrées, beaucoup de plantations nouvelles se sont fondées sur de meilleurs errements.

Sur ce point, les propriétés des rives du Rhône peuvent être données comme modèles. Dans les vignobles célèbres de l'HERMITAGE, CÔTE-ROTIE, CONDRIEU, CHATEAU-GRILLÉ, etc., l'on apporte un soin extrême à cet objet. Si, dans une plantation, il s'est glissé un intrus, on s'empresse de le greffer ou de le remplacer par un provin.

Ainsi l'HERMITAGE ne renferme qu'un seul plant de noir, la *sira* ; CÔTE-ROTIE, un seul, la *serine* ; CONDRIEU et CHATEAU-GRILLÉ, un seul raisin blanc, le *vionnier*. Ce plant unique réunit à un très-haut degré tout ce qui constitue un produit abondant et de bonne qualité. C'est par ces causes que nous engageons souvent les propriétaires à introduire l'un de ces plants dans leurs vignes, concurremment avec la *vuidure*, par exemple, celui de la Gironde, le plus remarquable, selon nous, par la réunion des mêmes qualités que nous avons reconnues aux précédents. Dans la vallée du Rhône, on estime que le raisin blanc améliore le vin rouge ; et dans la GIRONDE, au contraire, on l'exclut, parce que les vins de cette contrée manquent de couleur.

Les principaux mérites qui font rechercher les vins, sont le *bouquet*, la *sève*, la *couleur*, et la *vinosité* ou *spirituosité*. Nous comprenons parfaitement que lorsqu'un cépage distingué, tel que la *vuidure*, dont la liqueur renferme à un haut degré la sève et le bouquet, mais pèche par défaut de couleur, constitue la base d'une vigne, il lui soit adjoint le *merlot* ou le *malbec*, dont la liqueur est très-colorée, et le *massoutet*, qui passe pour donner un vin très-spiritueux. En un mot, le choix et le mélange des cépages doivent être combinés de manière que les uns ajoutent ce qui manque aux autres. Il est bien évident qu'il suffit d'un très-petit nombre pour remplir par leur réunion les conditions voulues. Cette prodigieuse quantité de cépages divers qui peuplent la plupart des vignes de la GIRONDE, passera toujours dans l'esprit de l'observateur pour une grave erreur, nous allions presque dire une absurdité.

Quel admirable coup-d'œil pour un propriétaire, de

voir, au moment des vendanges, chaque souche également
ment chargées de fruits, et de maturité uniforme, avantage évidemment impossible avec une réunion nombreuse
de cépages divers. Ainsi, en résumé, avec un seul ou
deux, moins de frais de culture et de vendanges, produit plus considérable et plus égal.

Si la réunion de deux ou un plus grand nombre de
cépages est jugé utile à la perfection du vin, on les
plante dans des pièces séparées; nous estimons que cette
disposition est avantageuse dans toute circonstance.

Lorsqu'on aura en vue principalement la qualité, on
choisira dans la région moyenne la *vuidure*, le *merlot*,
le *malbec* de la GIRONDE, la *sira* ou la *serine* de la vallée
du Rhône; plus au nord, le *gamé* du RHÔNE et de SAÔNE-
et-LOIRE, ou le *pineau franc* de la CÔTE-D'OR, et encore
la *vuidure sauvignonne*, le *malbec* et le *merlot* de la
GIRONDE, à peu de chose près aussi précoces que les
deux premiers. Sur la limite septentrionale on préférera
le *petit pineau* ou le *sarvagnin* du JURA et du LÉMAN.

Les deux *vuidures*, le *merlot*, le *malbec*, la *serine* et le
gamé sont des cépages productifs. Le *blayais*, le *roumieu*
de la GIRONDE, et le *persaigne* de la vallée du Rhône se
distinguent parmi ceux d'un grand produit; le dernier est
le plus tardif à la maturité.

5°. CHOIX ET PRÉPARATION DES PLANTS.

On emploie indifféremment des boutures, *crossettes*,
chapons, ou des plants enracinés, *chevelus*, *barbus*, *bar-
bots*. Les chevelus de deux ans provenant de boutures, ou
d'un an de marcottes extraites de souches vigoureuses,
non-seulement reprennent avec plus de certitude, mais
encore se mettent plus tôt à fruit; ils sont plus avanta-

geux lorsqu'il s'agit de propager des cépages rares et précieux.

La différence du prix entre les boutures et les plants enracinés, et la facilité avec laquelle les premières s'enracinent sont telles, que l'on peut établir en principe, que la manière la plus économique de planter est avec les boutures. Elles seront choisies sur les sarments les plus beaux et les mieux aoûtés.

Les racines se formant, à l'exclusion des intervalles, sur les nœuds ou gemmes, l'on doit préférer les sarments à nœuds rapprochés, et les couper près du vieux bois.

La consistance des tissus à la base, contribue, avec le rapprochement des nœuds, à faciliter la naissance des racines. Le bois de deux ans, que les vignerons laissent parfois à l'extrémité des boutures, ne sert nullement à la reprise, car il ne s'y forme jamais de racines. Nous supposons que cet usage s'est établi pour les boutures que l'on fait venir de loin, soit pour en faciliter la reconnaissance ou pour éviter un dessèchement trop rapide. Mais, lorsqu'elles sont extraites sur les lieux où elles doivent être employées, cette précaution devient inutile.

Lorsque les sarments sont coupés durant la suspension de la sève, de Novembre à Janvier, avec l'intention de planter immédiatement, ils n'exigent aucune préparation, sinon de couper les vrilles et les sous-bourgeons. Il n'en saurait être de même dans toute autre circonstance. Lorqu'on n'est pas en mesure de planter de suite, deux moyens de conserver les plants sont particulièrement employés :

1°. Les boutures sont enterrées à moitié dans une terre ombragée et fraîche sans être noyée ; le retard qu'elles èprouvent dans leur végétation les prédispose à une reprise assurée;

2°. Elles sont liées en bottes et placées le pied dans l'eau à une profondeur de quelques centimètres seulement, et toujours, s'il est possible, à la même hauteur. Lorsque la taille se fait tard, ce moyen est le plus sûr, et il est infaillible si l'on a différé la plantation jusqu'au moment où les gemmes ont commencé à se développer, parce qu'il s'est formé à la partie plongée dans l'eau, des mamelons qui sont la naissance des racines. Ce moyen devient une nécessité absolue, lorsque la taille s'est opérée à l'ascension de la sève. Si l'on plantait à cette époque immédiatement, les boutures éprouveraient un dessèchement subit qui compromettait leur existence et en ferait périr parfois le plus grand nombre.

Les chevelus ne doivent être arrachés qu'au moment de la plantation. S'ils venaient de loin et qu'on ne fût pas en mesure de planter de suite, il serait pris les mêmes précautions que dans le premier cas pour les boutures.

6°. DE LA PROFONDEUR A LAQUELLE IL CONVIENT DE PLANTER.

Dans les terres légères et saines, l'on peut planter sans inconvénient à la profondeur du labour de préparation. La facilité avec laquelle le bois de la vigne s'enracine, et la perméabilité des sol et sous-sol, qui donne accès aux météores et laisse échapper promptement l'humidité surabondante, expliquent le bon effet d'une plantation profonde.

Dans un terrain fertile, plus humide que sec, il ne convient pas que le plant soit couché sur le sol ferme. La plantation s'en trouvera mieux en laissant quelques centimètres de terre végétale entre le plant et le sous-sol.

Dans la GIRONDE, nous connaissons des terres argileuses tellement pourrissantes, que la vigne ne peut s'y planter sans incovénient au-dessous de $0^m,20$, malgré les précautions que l'on y prend pour l'écoulement des eaux. Toutefois, cette profondeur pourrait être augmentée avec avantage pour le produit en approfondissant les rigoles et le premier labour annuel

Sur la limite septentrionale, l'on ne plante pas au delà de $0^m,20$ à $0^m,30$; nous en avons plus haut exposé les motifs.

Lorsqu'on plante verticalement à la barre, les boutures peuvent être enfoncées davantage sans inconvénient, parce que la partie du bois enterré est beaucoup moins considérable.

7°. PLANTATION.

Nous connaissons quatre manières principales de planter qui ont chacune leur mérite particulier.

1°. En faisant le défoncement, les plants sont couchés au fond du fossé. Son ouverture doit être subordonnée à la distance à mettre entre les souches. Elle aura $0^m,50$ à $0^m,60$ dans les contrées où l'on plante aussi rappoché, comme celles où l'on cultive le gamé ou le pineau, et l'on ne plantera que de deux fossés l'un dans celles où l'on observe la distance de 1 mètre à $0^m,30$.

Cette méthode serait la meilleure de toutes, s'il était toujours possible d'opérer en même temps le défoncement et la taille.

2°. Le terrain étant défoncé et prêt à recevoir la plantation, on ouvre des fossés, sur toute la longueur de l'emplacement, d'une largeur suffisante pour placer deux rangs de plants contre les parois. C'est la seule méthode praticable avec fruit, lorsqu'on recule devant les frais d'un défoncement, ou lorsqu'on veut établir la vigne en hautains ou jouallés très-écartées dans le but de cultiver les céréales entre deux.

Quelquefois on plante de la sorte une vigne pleine, un fossé sur quatre, avec l'intention de coucher les souches à droite et à gauche, lorsqu'elles atteignent la force nécessaire pour être provignées. Le terrain se trouve alors aux trois-quarts défoncé et entièrement garni.

3°. On trace au cordeau sur la surface du sol préalablement défoncé, des lignes à des distances égales à celles que l'on doit mettre entre les pieds de vigne, et un autre système de lignes perpendiculaires aux premières et aux mêmes distances. Aux points d'intersection, on fait des trous avec une barre de fer; les plants y sont introduits, et les trous remplis avec la terre voisine, si elle est suffisamment bonne et légère : sinon, et ce qui vaut toujours mieux, avec une terre substantielle préparée à l'avance. Quelques personnes emploient la cendre, ou la poussière des routes; d'autres introduisent des engrais liquides. On comprend facilement l'avantage particulier de ces ingrédients; nous ne croyons pas nécessaire d'insister sur leur importance. La terre doit être foulée autour de chaque plant avec une baguette de bois aiguisée par le bout, afin de prévenir tout dessèchement. Cette méthode est la plus suivie et la plus économique de toutes. Nous avons vu quelquefois placer deux sarments dans le même trou. Nous ne pouvons approuver ce moyen; la reprise des boutures est si facile, et le remplacement du petit nombre qui pourrait manquer coûte si peu, que l'on ne doit pas s'en inquiéter.

4°. On trace au cordeau des lignes comme précédemment : et aux points d'intersection on ouvre avec la pelle, ou tout autre instrument approprié à cet usage, une petite fosse dans laquelle on couche le sarment que l'on relève contre les parois, et l'on remet immédiatement la terre enlevée en foulant légèrement avec le pied. Il est bien évident que cette méthode n'est praticable avec économie que dans les sols, les positions ou les latitudes qui obligent à planter superficiellement.

DISPOSITIONS GÉNÉRALES ET COMMUNES A CHAQUE MANIÈRE DE PLANTER.

Il faut choisir un temps doux et le moment où la terre est suffisamment ressuyée; à l'exception du sable sans mélange, toute terre remuée pendant la pluie, se gâche et se durcit. Il convient dans les pentes de coucher les plants de bas en haut, et en plaine de les placer tous dans le même sens. Cette régularité facilite singulièrement le provignage. Lorsque la vigne est destinée à être palissée, la plantation doit être faite de manière que le palissage ait lieu dans le sens de la pente; et en plaine, dans la direction du Nord au Midi : nous en donnerons plus loin les motifs.

Dans les sols sains, les plantations d'Automne sont supérieures à celles du Printemps. En arrachant les chevelus, coupant les bontures et plantant immédiatement avec tous les soins indiqués, il nous est toujours arrivé d'avoir du fruit la première année, non-seulement sur les premiers, mais encore sur quelques-uns des deuxièmes, et des sarments en rapport avec ces bonnes dispositions, 3^m, à 3^m, 60 pour les chevelus.

8°. SOINS A DONNER A LA PLANTATION LES PREMIÈRES ANNÉES.

Le sarment doit être taillé à deux yeux seulement. Si l'on en laissait davantage, la sève se divisant entre un grand nombre de bourgeons, ils en seraient affaiblis; et l'on reculerait le moment de la production. Si dans le cours de la végétation quelques plants ne donnaient aucun signe de vie. il faudrait découvrir le gemme le plus rapproché.

Les labours ou binages doivent être donnés en raison de l'aptitude du sol à se durcir et à se couvrir d'herbes. Rien n'augmente le désastre de la sécheresse comme la venue et la croissance des plantes qui couvrent la terre. Il ne faut jamais perdre de vue que le rôle des radicelles est de soutirer l'humidité. C'est donc avec beaucoup de raison que les vignerons soigneux multiplient les binages les premières années. Ils ne sauraient être moindres de trois, et il convient dans les circonstances extrêmes de les porter à quatre, ainsi que le pratiquent quelques personnes dans la GIRONDE, même pour les vieilles vignes.

Lorsque par le défoncement on a ramené à la surface quelques centimètres de terre infertile de nature à se maintenir friable, et que la plantation s'est faite en même temps, on peut se dispenser de donner aucun labour la première année. Dans cette circonstance, il ne se montre aucune plante abventice, et les vignerons n'ayant pas à mettre le pied dans la jeune vigne, le terrain ne se durcit pas. Il nous est arrivé de ne donner aucun labour la jusqu'au mois d'Août de la deuxième année, sans que la jeune vigne cessât de s'allonger avec vigueur, au point de donner fruit en abondance à la troisième. Mais aucune herbe ne s'était montrée, et l'on n'avait mis le pied dans la plantation qu'une seule fois pour la taille et l'enlèvement des sarments; travail qui n'exigea que peu d'instants par la petitesse des souches.

Dans les contrées où l'on n'échalasse pas, on doit ébourgeonner, en laissant le bourgeon le plus près du sol, lorsqu'on n'a plus à craindre leur rupture, et avant la sève d'Août, la plus importante dans les plantantions de l'année sur défoncement nouveau. Après la chute des feuilles, la jeune vigne doit être déchaussée pour couper les petites racines qui se seraient formées près de la surface. Par suite, la sève se portant sur les inférieures, ces dernières prennent plus de force, et les souches auront moins à redouter la sécheresse. Nous donnerons plus loin tous les développements nécessaires à cette partie de la culture.

La deuxième année on procède à la taille. Lorsque le bourgeon a été faible, ainsi qu'il arrive souvent dans les plantations mal faites, quelques vignerons ne taillent pas, et parfois avec raison. Il n'en saurait être de même lors-que l'on a procédé avec les soins que nous avons indiqués. Nous avons toujours été obligé de faire tailler, parce que dans nos plantations nous avons toujours eu les premiers bourgeons assez allongés pour produire un grand nombre de gemmes bien sains et aoûtés. Si nous avions agi différemment, la sève se portant aux extrémités aux dépens des gemmes inférieurs, il en serait résulté une perturbation qui aurait pu compromettre le succès de l'opération.

La taille doit être très-courte, sourtout dans les contrées où l'on n'échalasse pas; autrement, il convient de placer un échalas au pied des souches qui promettent une belle végétation, afin qu'elles ne prennent pas une mauvaise position en se couchant sur le sol. Si l'on emploie le chêne ou le châtaignier, les échalas seront de bois vieux, parce que le tannin qui ouvre la terre autour des jeunes pieds à la suite des pluies, peut leur être funeste : inconvénient qui n'est pas sensible pour les vieilles vignes.

Ainsi que pour la première année, les labours ne seront pas épargnés. Après la chute des feuilles, on recommencera le déchaussement, et ces soins se continueront jusqu'à ce que la plantation rentre dans la catégorie des vignes faites : ce qui arrive ordinairement à la quatrième ou cinquième année pour les plantations conduites avec les soins rationnels.

9° Espacements des souches.

Vignes plaines.

On nomme ainsi les champs consacrés à la vigne sans mélange d'autres cultures. L'espacement ordinaire des souches varie dans ce cas de 0^m,40 à 1^m,30. Cette différence a pour cause principale la nature des cépages. L'écartement doit-être en raison de leur vigueur ; et leur rapprochement en raison de leur faiblesse. Ainsi le pineau se plante à 0^m,50, le gamé de 0^m,55 à 0^m,65, et les plants du Rhône et de la Gironde de 1 mètre à 1^m,50.

Un cépage vigoureux, dont les souches seraient très-rapprochées, s'allongerait considérablement en bois aux dépents de la fructification ; et le raisin y mûrirait mal et pourrirait souvent par défaut d'air et de lumière. Le mode de taille doit entrer en considération dans cette circonstance. Les cépages qui exigent la taille ronde ou à court bois, peuvent être rapprochés plus que ceux qui demandent à être allongés.

L'écartement est avantageux à la vigueur et à la durée

des souches et à l'abondance des produits. Il facilite les travaux et il ne présente aucun inconvénient dans les contrées où le raisin mûrit facilement. Les nouvelles plantations faites d'après ces principes á 1 mètre et 1^m,30 dans la GIRONDE sont, suivant nous, bien conçues. Il n'en est pas de même dans la région septentrionale, où l'on est obligé d'atténuer la vigueur des souches sous peine de récolter un raisin vert, sans qualité : inconvénient que l'on évite par le choix d'un cépage faible et précoce, tel que le pineau, planté rapproché, à une petite profondeur.

Lorsque l'on plante avec l'intention de travailler le sol à la charrue par des labours croisés, ainsi que cela se pratique sur quelques points du LANGUEDOC, l'espacement ne peut être moindre de 1^m,30.

Joualles.

On plante quelquefois la vigne en rangées, sur deux ou un plus grand nombre de lignes, avec l'espacement ordinaire entre les souches des vignes pleines; et ces rangées ont entre elles un écartement beaucoup plus grand que les souches, dans le but de cultiver l'intervalle et d'en tirer des récoltes. C'est ce qu'on appelle joualle, dans le BORDELAIS. On voit des vignes ainsi plantées dans la vallée du Rhône. Elles offrent les avantages et les inconvénients des vignes très-écartées.

Hautains.

Toute plantation de vigne faite sur un seul rang en lignes espacées suffisamment pour y cultiver les céréales, qu'elle soit soutenue par des pieux ou des arbres, s'appelle *hautain*. Ce mode est très répandu dans les parties

méridionales de l'EUROPE jusque sous la latitude de LYON.
L'espacement des lignes est ordinaire au moins de 7 mètres et l'élévation des souches combinée de manière que
les grappes soient au-dessus des plantes cultivées dans
l'intervalle, afin qu'elles subissent l'influence indispensable de la chaleur solaire directe.

Les principaux avantages de ce mode, sont non-seulement ceux que nous avons déjà signalés plus haut pour
les plantations très-espacées, mais encore le suivant qui
n'est pas sans importance dans les contrées sèches et ba-
layées par les vents. C'est que l'élévation des supports,
formant abri, modère la force des vents et, par suite,
l'évaporation et les funestes effets de la sécheresse ; et
donne le moyen de retirer du sol des récoltes plus assurées.

Les arbres employés de préférence sont, parmi les arbres forestiers, ceux d'une longue durée, qui souffrent
la tonte sans inconvénient, et dont les racines tracent
peu : tel que l'*érable champêtre* ; et parmi les arbes fruitiers dont on veut récolter le fruit, le *prunier*, l'*abricotier*,
et particulièrement l'*amandier* dont le feuillllage léger et
les racines pivotantes nuisent moins que les autres, dont
le fruit est d'une cueillette facile et d'une vente assurée,
et enfin dont la végétation se soutient très bien dans les
sols secs et légers, où ce mode de culture convient particulièrement. Le *mûrier* s'emploi aussi dans le même but.

Les troncs des arbres sont reliés entre eux par des
lattes suffisamment longues et fortes, de manière à former un treillage sur lequel est appuyé le corps de la souche, et les bourgeons sont palissés.

Un mode de hautain très-simple est le suivant : à environ quatre mètres de distance sont plantés des érables
champêtres, au pied de chacun, deux ou quatre souches

ont été placées. Lorsqu'elles ont la force des vignes faites, elles sont fixées à l'érable par un lien d'osier. A la taille l'on réserve un sarment assez long pour être croisé sur celui de la souche qui se trouve en regard au pied d'un autre érable, de manière à figurer une corde tendue. Si les deux sarments ne peuvent se joindre par défaut de longueur, on y supplée par un lien particulier. Les cordons sont formés à la hauteur où arrive le blé, et les bourgeons livrés à eux-mêmes retombent en voûte à droite et à gauche. Nous avons vu ces hautains dans les terres argileuses de la vallée du LÉMAN. Le cépage employé y porte le nom de *sarvagnin*.

Nous plaçons dans la même catégorie les souches plantées au pied d'un arbre isolé, et dont les pampres, élevés au milieu des branches et soutenus par elles, sont suspendus en guirlande autour de la tête de l'arbre qui leur sert de support. Ce mode ne saurait-être suivi en FRANCE avec avantage pour le rapport, mais bien pour l'ornement des grands jardins au milieu desquels il produit l'effet le plus agréable et le plus pittoresque.

CHAPITRE III.

Façons ou travaux annuels.

1° LA TAILLE.

Observations générales.

De toutes les opérations qui ont pour but la culture de la vigne, la taille et sans contredit la plus importante. C'est celle qui demande le plus d'intelligence. Elle est fondée sur les faits et considérations suivantes : 1° Le raisin ne se montre que sur les bourgeons provenant du bois de l'année précédente; 2° ce dernier doit provenir lui-même d'un bois de deux ans. En d'autres termes, les bourgeons perçant le corps de la souche ne sont jamais fructifères; 3° Dans les terres sèches et les vignes maigres, la plus grande production est fournie par le plus fort sarment. Cette règle présente quelques exceptions surtout dans les vignes fertiles; 4° De deux sarments remplissant les mêmes conditions, si l'un a été plus fécond que l'autre, il y aura plus d'avantages à choisir le premier; 5° La force des bourgeons, et par conséquent la production étant en raison inverse de la quantité de sève absorbée par la souche, on doit choisir le sarment le plus rapproché du corps de la plante. En d'autres termes, à égalité d'âge et de force, la production est en raison inverse de son élévation au-dessus du sol.

Dans les vignes qui ne renferment qu'un seul cépage, la taille est d'une extrême simplicité, surtout lorsqu'elle doit avoir lieu à court bois. Il n'en est pas à beaucoup près de même lorsqu'elles en renferment un grand nombre soumis à divers modes. La principale difficulté est alors de les reconnaître au bois. Dans la Gironde, où les variétés de cépages sont prodiguées jusqu'à en rencontrer trente et plus, cela devient une étude compliquée où de vieux vignerons se laissent prendre en faute. C'est une considération puissante pour l'unité de cépage adoptée dans beaucoup de vignobles distingués : unité que nous n'avons cessé de préconiser dans nos écrits.

La durée de la souche et son produit, dépendant en partie de la propriété de la taille et de la netteté de la coupe, les propriétaires doivent tenir la main à ce que les vignerons ne laissent aucun chicot ni bois mort.

Les vignes nouvellement plantées se taillent toujours

sur un seul bois jusqu'à ce qu'elles arrivent à l'état de vignes faites, c'est-à-dire, à la quatrième ou cinquième année pour les plantations, et à la troisième ou quatrième pour les provins.

La taille se divise en deux classes : la taille ronde et à court bois, et celle à long bois. Il est des cépages qui exigent impérieusement la première sous peine d'épuisement et de mort prochaine : tels que le *gamé*, le *malbec*, le *roumieu*, l'*enrageat*, etc. D'autres, au contraire, arrivés à un certain âge ne produisent qu'autant qu'on leur applique le second mode : la *serine*, la *vuidure*, etc.

Lorsqu'on introduit un cépage nouveau, il est important de se faire expliquer le genre de taille qui lui convient. C'est à cause de ce manque de précautions, et par ignorance, que certaines vignes nouvelles, plantées de l'excellent cépage la *serine*, ont été arrachés dans une contrée où le cépage dominant exigeait la taille ronde que le vigneron avait mal à propos appliqué au premier.

Époque où l'on doit tailler.

L'on peut tailler la vigne et elle se taille en effet pendant toute la durée de la suspension de la sève, et même au-delà du milieu d'octobre à la fin mars. Toutefois, il est une époque de beaucoup préférable à toute autre, entre la chute des feuilles et les fortes gelées : les avantages en sont nombreux et faciles à saisir.

1° Aucun travail important ne dérange le vigneron. Les blés et les prairies d'automne sont semés.

2° La suspension de la sève est absolue.

3° Les plaies faites par la taille se déssèchent à tel point que l'on n'apercevra en mars aucune extravasion de sève.

4° Les autres travaux d'hiver, le provignage, l'échalassement et le premier labour se font sans encombre et à leur rang. A l'exception du provignage, et encore seulement dans les terres saine, ces travaux sont, de nécessité absolue, rejetés après les fortes gelées. Et si l'on considère que les récoltes de printemps se préparent à la même époque, l'on concevra sans peine l'importance de la taille d'automne pour se mettre en avance.

La seule objection qui paraisse fondée contre la taille d'automne, c'est qu'elle fait développer le bourgeon un peu plus tôt, et l'expose davantage aux gelées tardives. Dans les vignobles rarement touchés par cette plaie, et le nombre en est grand, on ne doit pas s'arrêter à cette considération. Nous avons observé des vignes taillées tard, en vue d'éviter l'effet des gelées, et nous ne nous sommes jamais aperçu qu'elles aient échappé au désastre mieux que les autres. Or, si l'on considère que l'extravasion de sève qui est la suite d'une taille faite après l'hiver est une cause puissante d'affaiblissement, ou en concluera que les vignes très-vigoureuses plantées sur des terres fertiles, sont les seules où l'on puisse tolérer la taille tardive.

Dans la Gironde, les vignerons ne sont pas arrêtés par les fortes gelées des hivers ordinaires. Seulement, ils se trouvent forcés d'attendre que les rayons du soleil viennent ranimer leurs doigts engourdis. Toutefois, il y a danger de destruction pour l'œil voisin de la coupe : ce qui peut occasionner une perte importante sur les souches taillées à court bois.

Il nous est impossible d'admettre, au moins d'une manière absolue, cet aphorisme d'Olivier de Serres, *plus tôt plus de bois, plus tard plus de fruits*. Sur le second point, il est tout au plus exact pour les terres fertiles ; mais, pour les terres séches qui forment la base des vignobles distingués, nous admettons que la production est en raison de la force du bois. Si le contraire semble avoir lieu parfois, c'est que le vigneron ne connaissait pas son cépage, et qu'il ne l'avait pas chargé suffisamment.

Quelques personnes font remarquer en faveur de la taille tardive, celle du pêcher qui se pratique sans inconvénient jusqu'à l'épanouissement des fleurs. Il n'y a pas la moindre analogie entre ces deux arbres. L'extravasion de sève est nulle, ou à peu près sous le premier, la plaie se dessèche promptement : le tissu beaucoup plus serré donne moins de prise aux intempéries.

Outils usités pour la Taille. — *La Serpette.*

La serpette est en usage dans un grand nombre de vignobles. Elle est moins avantageuse et moins appropriée que les deux suivants. Sa faiblesse ne permet pas aux vignerons de couper les chicots et bois morts l'orsqu'ils dépassent une certaine grosseur : son seul mérite, est son extrême légèreté.

La Serpe.

La serpe en usage dans la Gironde, devrait être adoptée partout à l'exclusion de la serpette. Quoique beaucoup plus forte que celle-ci, elle est néanmoins suffisamment légére. La partie du dos est tranchant. Elle sert à nettoyer le corps et le pied de la souche. Le tranchant intérieur, bien acéré, par le haut coupe les sarments, et par le bas les chicots. Sur le littoral de la Méditerranée, les vignerons emploient une serpe d'une forme différente, mais qui remplit le même but.

Le Sécateur.

Le sécateur est appelé à remplacer les précédents par sa marche expéditive. Il épargne presque la moitié du temps. Son maniement est plus facile et nullement dangereux. Les vignerons les plus adroits peuvent se blesser avec la serpe : ce qui est impossible avec le sécateur. A ceux qui prétendent que la taille est moins nette avec lui, nous répondrons par l'exemple des habiles et célèbres jardiniers de Montreuil, près Paris, qui l'emploient exclusivement pour le pêcher, le plus délicat de tous les arbres.

La Taille.

Le vigneron doit se faire précéder de femmes ou d'enfants pour couper les liens qui fixent aux échalas les souches et leur bois. Il convient encore qu'un manœuvre déchausse devant lui les ceps au pied desquels sortent des sarments, et les provins dans les localités où, comme dans la Gironde, on est forcé de les combler de suite après leur achèvement, afin qu'il puisse les ébarber et qu'il n'ait à s'occuper que de la taille.

Dans la taille à court bois, le nombre des coursons doit être en raison de la vigueur de la souche. Il y a plus d'avantages à laisser deux coursons de deux gemmes chaque, qu'un seul à quatre gemmes : 1° pour le produit immédiat, parce que les plus beaux fruits proviennent des yeux inférieurs ; et 2° pour le bien de la souche, et le produit des années suivantes, parce que la sève se portant aux extrémités, suivant les lois qui la régissent, les yeux inférieurs s'éteignent parfois, et le corps de la souche s'allonge outre mesure. C'est une faute que commettent la plupart des vignerons dans les propriétés qui environnent Bordeaux. Erreur d'autant plus grave qu'elle a lieu sans compensation.

La coupe doit être éloignée du gemme supérieur avant l'hiver, en vue des fortes gelées, et après, en vue de la sève qui pourrait le noyer et le détruire.

L'attention doit se porter principalement sur le nombre des coursons à laisser sur chaque pied. Trop épuise la souche aux dépens de la production des années suivantes. Trop peu fait perdre pour le présent, sans profit pour l'avenir.

La taille à long bois exige un peu plus d'attention et d'expérience. Dans certains vignobles (1), le sarment se coupe à une longueur uniforme quelle que soit la souche. La taille est alors presque aussi simple que la précédente.

Les souches qui n'ont pas été assez chargées, se reconnaissent aux circonstances suivantes : ces sarments donnent une grande quantité de sous-bourgeons qui se chargent presque toujours de fruits. Si l'augmentation des coursons ne dompte pas cette fougue, on peut en conclure que le cépage doit être taillé sur un aste ou arçon. Il est à remarquer que ceux qui, telle que la *serine*, exigent impérieusement la taille à long bois, refusent quelquefois de se mettre à fruit, lors même que les yeux portés par les coursons seraient en nombre égal à ceux portés par un arçon.

Entre les mains des vignerons peu soigneux ou inhabiles, les ceps peuvent s'élever rapidement, et beaucoup trop pour la production. Afin de parer à cet inconvénient, lorsqu'on est forcé, en vue d'un meilleur produit, d'éta-

---

1) Côte-Rôtie, la *Serine*, Condrieu, le *Vionnier*,

blir la taille sur un bois qui s'éloigne du corps de la souche, il faut réserver un courson de deux yeux sur le sarment le plus rapproché, pour y ramener la taille l'année suivante. A moins de faiblesse extrême, ce courson donne toujours du fruit. Il porte dans la Gironde le nom très-approprié de *retour*.

Les bois qui sortent de la souche doivent toujours être enlevés, et coupés proprement rez-tronc, parce qu'ils ne produisent presque jamais. Toutefois, il est une circonstance où il convient d'y asseoir la taille : c'est lorsque le cep est arrivé, par une taille défectueuse, à une élévation hors de proportion avec sa force. Alors, si un bourgeon a percé l'écorce du vieux bois, il faudra l'épargner à l'ébourgeonnement, et, à la taille suivante, il sera coupé à deux yeux pour servir de retour. La seconde année, il sera conduit de même, et la troisième, on y établira l'aste ou arçon. Ainsi le rabaissement d'une souche exige trois ans ; parce que le bourgeon de l'année ne produit qu'autant qu'il provient d'un bois de deux ans, et celui-ci d'un bois de trois ans. Cependant, si la souche en était affaiblie au point de donner une production insignifiante, il vaudrait mieux rabaisser immédiatement ; le retour prendrait de suite une grande vigueur.

2° ECHALASSEMENT.

Aussitôt la taille faite et les sarments enlevés, on procède à l'échalassement ; nous en connaissons trois modes bien tranchés.

Le premier et le plus simple consiste à épointer les échalas et les mettre en place de suite au pied de chaque souche avant le 1er labour. C'est ainsi que cela se pratique dans la Gironde et sur plusieurs points de la vallée du Rhône.

Dans certaines contrées, les échalas sont arrachés avant l'hiver, après la chute des feuilles, et empilés dans la vigne même, pour être remis en place comme précédemment.

Le deuxième mode, fort avantageux et trop peu répandu, selon nous, est le suivant :

Ainsi que pour le précédent, un échalas est fixé au pied de chaque souche, et ils sont réunis par trois et liés fortement ensemble par le haut, ce qui présente une réunion de pyramides triangulaires, au long et au sommet desquelles se fixent plus tard les bourgeons. Leur aspect en est agréable et surtout le mode en est économique, ainsi que nous allons le faire ressortir. Il n'est pas difficile de faire comprendre que les organes ont moins de prise et font moins de dégâts dans cette circonstance, puisque les échalas se servent mutuellement de point d'appui. Le sol est mieux frappé par les rayons du soleil ; l'air y circule plus facilement ; le raisin mûrit plus tôt et pourrit moins vite. L'économie de main-d'œuvre y est parfois considérable, lorsqu'on emploie des bois de bonne qualité, parce qu'il n'est pas toujours besoin de relever et d'appointer les échalas. L'orsqu'ils sont faits avec des accacias ou châtaigniers refendus, et surtout l'orsqu'on les a laissés tremper plusieurs mois dans l'eau, ils peuvent rester en place un grand nombre d'années. Il suffit alors de rafraîchir les liens.

Ce mode est en usage sur les beaux vignobles qui bordent le Rhône, dans la partie méridionale du département de ce nom, et celui de l'Isère à partir de Vienne, et dans ceux de la Loire et de l'Ardèche.

Le troisième mode consiste en une palissade composée de piquets placés entre deux souches et reliés entre eux au sommet par un cordon formé de daguettes de bois ou de fils de fer. Ce mode, employé par nous pour nos cultures de chasselas, est usité en grand pour les vignes à vin dans la GIRONDE, et plus particulièrement dans le MÉDOC; les piquets y portent le nom de carressons, et les baguettes celui de lattes.

Partout où ce mode peut-être mis en exécution et il peut l'être dans toutes les positions en plaine ou peu accidentées, nous le considérons comme le plus économique. La plus forte dépense dans la culture de la vigne est l'échalassement. Il comprend non-seulement l'achat des bois, mais encore leur préparation, leur mise en place, leur arrachement et leur épointage chaque année; en un mot, une foule de petits travaux qui, réunis, occasionnent une dépense très-considérable. Or, l'on en évite une grande partie par l'emploi de fort piquets de bois dur refendus, mis auparavant à l'eau trois à quatre mois, et par un cordon de fil de fer fixé à leur extrémité supérieure.

Un dalissage ainsi conçu peut durer dix ans sans y toucher; toutefois, il n'est pas à la portée du cultivateur ordinaire, et encore moins du fermier à court bail, parce qu'il exige un premier déboursé hors de proportion avec ses facultés.

La dépense de l'échalassement est tellement considérable, surtout dans la vallée du Rhône et le littoral de la Méditerranée, à cause de la rareté des bois, que beaucoup de vignobles, même parmi les plus distingués, n'y sont pas échalassés, et avec raison.

Il est possible d'obtenir les mêmes résultats économiques, quant à la récolte, sans échalas, ainsi que nous allons l'expliquer.

Dans la PROVENCE et le bas LANGUEDOC, on maintient les souches extrêmement basses par une taille très-courte. A la plantation, on ne laisse sortir qu'un oeil, et les années suivantes, on taille à deux yeux y compris le sous-oeil. On continue ainsi quels que soient l'âge et sa force de la vigne. On la charge néanmoins en raison de la vigueur par un nombre proportionné de coursons. Grâce à ce mode de taille, les souches n'ont pas même besoin d'échalas dans leur jeune âge. Elles ne peuvent se coucher sur le sol, ni prendre une mauvaise position. Dans ces contrées, on laisse ramper les bourgeons sur la terre. La pourriture fait cependant peu de ravages à cause de l'extrême sécheresse du climat. Plus au nord, où l'inconvénient d'abandonner à eux-mêmes les sarments à plus de gravité, il est possible de relever d'une manière économique par le même mode de taille, combiné avec un choix particulier des cépages. Ainsi il en est, tels que le *gamé*, le *roumieu*, l'*enrageat*, qui, arrivés à un certain âge, ont la faculté de donner un bois court et ferme, se tenant assez bien debout. Dans cette circonstance, il suffit de réunir ensemble les bourgeons à leur sommet par un lien de paille ou de jonc. Nous connaissons des vignes ainsi traitées qui présentent l'aspect le plus agréable, ne le cédant en rien aux mieux soignées. Lorsque la longueur des sarments est un obstacle à l'emploi de ce moyen, l'on peut alors lier la moitié des bourgeons d'une souche avec la moitié des bourgeons de la souche voisine. De cette manière, il est possible de donner le troisième labour, et la récolte se comporte mieux que si l'on s'abstenait de tout relevage.

3. Accolage et liage des souches, astes ou arçons.

Un seul échalas se place au pied de chaque souche taillée à court bois, auquel elle est fixiée par un brin d'osier au-dessous de la tête formée par la taille,

Il en peut être de même pour les ceps auxquels on laisse une seule aste ou demi aste. Cette dernière est courbée et attachée par son extrémité au-dessus de la tête par un autre brin d'osier, et la première est ramenée et fixée en-dessous de manière à représenter à peu près une circonférence de cercle traversée verticalement par l'échalas.

Dans la GIRONDE, chaque aste ou demi aste est fixée à un échalas particulier en dehors de la souche. Nous estimons que la courbure que l'on y donne aux astes n'est pas assez forte.

Sur les bords du Rhône, l'arçon est fixé par son extrémité à un deuxième échalas plus petit que ceux qui soutiennent les souches et forment les pyramides, auxquelles il est relié daus le plan de chaque face.

La meilleure époque pour courber et lier les astes et arçons est immédiatement après les fortes gelées et avant l'ascension de la sève, autrement de la fin de janvier au milieu de février,

Le givre, la neige et le verglas se forment et se maintiennent mieux sur les sarments courbés et liés aux échalas, et peuvent détruire les yeux par une température de 10° au-dessous de zéro. Les vignerons de la GIRONDE qui exécutent cette opération dès le mois de décembre, agissent donc contre l'intérêt des propriétaires.

La courbure tardive présente un inconvénient non moins grave. En temps ordinaire, la vie végétale commence à se faire sentir dans la vigne dès le milieu de février, sous le climat de LYON et de BORDEAUX ; or si les astes ou arçons ne sont pas encore courbés, la sève se porte aux extrémités et renforce les yeux supérieurs aux dépens des inférieurs, les plus importans pour la taille suivante. Cette faute est rare dans la GIRONDE ; elle est plus commune sur les bords du Rhône.

4. Labour.

Le labour est l'une des plus importantes opérations dans la culture de la vigne. Elle contribue puissamment à lui procurer une longue existence, un produit abondant, soutenu et de bonne qualité. Aussi le propriétaire, attentif à ses intérêts, n'épargne-t-il rien pour qu'il soit donné de la manière la plus convenable.

Le labour facilite les fonctions des radicules ou suçoirs des plantes par la division du sol qui donne plus de facilité aux agents extérieurs, et aux éléments indispensables à la végétation, l'*eau*, l'*air* et la *chaleur*, d'arriver jusqu'à eux. Il détruit les plantes adventices qui se nourriraient aux dépens de la vigne, et contribueraient à augmenter le désastre de la sécheresse, qu'il prévient directement lorsqu'il est fait en temps opportun.

Un labour est bien fait lorsque le sol plus sec qu'humide est bien retourné et pulvérisé, les herbes coupées entre deux terres et le temps chaud et sec pour compléter leur destruction. En été, le moment le plus favorable est après une pluie qui aurait humecté la terre au-dessous de la profondeur du labour, le sol suffisamment ressuyé et le temps au beau. Les labours faits dans ces circonstances remplissent toutes les conditions désirables.

Dans le plus grand nombre des vignobles on donne trois labours, dans quelques-uns deux seulement, dans un petit nombre quatre. L'usage des trois labours est très-répandu. Ce nombre est toujours suffisant lorsque le temps est bien choisi. Dans les contrées où l'on n'en donne que deux, la vigne est assise sur une pente rapide (*Côtes du Rhône*). Cet usage s'y est établi pour éviter le déchaussement des souches du sommet et diminuer les frais du transport des terres. On n'en donne également que deux dans les vignes qui ne se relèvent pas et dont les sarments retombent sur le sol, parce qu'il y a impossibilité absolue de travailler la terre dès la fin de mai ou le commencement de juin.

Les bons effets du premier labour sont en raison de sa profondeur. Toutefois, sa limite est déterminée par la position des premières racines qu'il ne faut pas attaquer.

L'époque du premier labour le plus généralement adoptée, et presque toujours avec raison, est le mois de mars. Alors tous les travaux si nombreux de l'hiver sont terminés. Il ne sera plus nécessaire aux ouvriers de fouler de longtemps le sol de la vigne. La température s'élève et la végétation qui commence a besoin d'être soutenue et fortifiée par le travail de la terre. L'époque de ce labour est encore déterminée par plusieurs inconvénients qu'il faut éviter :

1° Les fortes gelées qu'il faut laisser passer ;

2° La croissance des herbes qui serait un obstacle à un travail économique entre deux labours éloignés ;

3° Enfin, il ne faut pas attendre la formation des bourgeons en bourre, parce que, dans cet état, ils se détachent avec une extrême facilité au moindre choc.

Il est des contrées où l'on ne donne que deux labours. Les vignerons attendent pour le premier que les bourgeons

4

soient développés, vers la fin d'avril. Là, au contraire, où l'on juge à propos de labourer quatre fois, il convient de devancer l'époque ordinaire, de la fin de février aux premiers jours de mars.

Les autres labours, quel que soit leur nombre, sont toujours superficiels. Ils portent plus particulièrement le nom de binages, ils ont spécialement pour but la destruction des plantes abventices, et la pulvérisation du sol à la surface. Le premier de ces deux binages se donne presque partout dans le mois de mai, et le deuxième dans le courant d'août.

DES INSTRUMENTS EN USAGE POUR LABOURER LA VIGNE ET DE LEUR EMPLOI.

La Bêche.

La bêche, nommée dans la GIRONDE pelle de jardin, est d'un usage très-restreint. Nous ne l'avons vu employée en grand que dans la vaste plaine vignoble entre LUNEL et MONTPELLIER. C'est incontestablement par elle que se donne le meilleur travail. Le labour est profond et l'ouvrier ne foule pas le sol qu'il vient de fouiller. Au reste, son usage est bien connu ; nous n'insisterons pas davantage sur ce point.

La pioche et ses dérivés, bident, marre, houe à fer pointu et très-allongé.

La pioche s'emploie principalement pour déchausser les souches, arracher le chiendent, ouvrir les provins. Nous n'avons jamais vu labourer la vigne avec elle. Les trois suivants sont d'un usage presque général. Le premier et le troisième pour les terres fortes et pierreuses, et le deuxième pour les terres légères. Avec ces instruments, l'ouvrier marche devant lui et foule par conséquent son travail. Quelquefois il laboure à plat, et, dans un plus grand nombre de contrées, il met la terre en dos d'âne ou en buttes destinés à être ramenés de niveau au deuxième labour. Le pied des souches est de la sorte déchaussé. Lorsque le labour a lieu à la fin de mars, suivant l'usage généralement adopté, il n'en résulte aucun inconvénient dans les régions à sous-sol perméable; il est, au contraire, très avantageux. Il dispense de déchausser l'automne, ainsi qu'on le pratique dans les pays où, comme dans la GIRONDE, on laboure à plat, et il met à la portée des racines les influences météoriques du printemps.

INSTRUMENTS ADOPTÉS DANS LES COMMUNES QUI ENVIRONNENT BORDEAUX.

On se sert dans cette contrée pour le premier labour d'une espèce de houe à fer large et à deux pointes, à manche long et recourbé. Aux labours suivants, le précédent est remplacé par une houe à fer plein.

Le premier pénètre mieux le sol durci par les pluies d'hiver et le piétinement des ouvriers; le deuxième est préférable pour couper et détruire les herbes, et convient pour un sol ameubli par un labour récent.

L'ouvrier marche à reculons, retourne et divise bien la terre, la rejette devant lui, et fait un très bon ouvrage à moins de frais que de toute autre manière que nous connaissions. Ce travail est, suivant nous, le triomphe des vignerons bordelais. Nulle part il n'est mieux entendu. Il approcherait de la perfection, s'il était possible de lui donner un peu plus de profondeur.

Le labour à bras est préférable par ses résultats sur la production, et il est indispensable dans les terrains à pente rapide. Partout où la charrue peut-être mise en œuvre, son travail est plus économique, principalement lorsque les attelages trouvent de l'occupatiou toute l'année sur le domaine ou au dehors, et son emploi devient d'une nécessité presque absolue dans les vastes pays vignobles où, comme dans le Médoc, la population n'est pas en rapport avec les travaux de l'industrie locale.

La charrue destinée à labourer la vigne a une forme particulière appropriée à cet usage. Elle est courbe, c'est-à-dire que le centre de gravité du corps ne se trouve pas sur le prolongement de la ligne de traction, afin de pouvoir approcher le soc du pied des souches, sans gêner les mouvements des chevaux ou bœufs de labour.

Nous connaissons trois méthodes de l'application de la charrue a travail de la vigne :

1° Par des labours croisés et perpendiculaires l'un à l'autre. Dans ce cas, la vigne doit-être plantée carrément à 1ᵐ 30 environ. Si le sol exige la force de deux chevaux, ils sont attelés l'un devant l'autre. Le deuxième labour se donne 15 à 20 jours après le premier, et des ouvriers nettoient le pied de la souche que la charrue n'a pu atteindre. Ce travail doit-être terminé avant le dévoloppement des bourgeons; nous en avons dit plus haut le motif. Deux autres labours croisés sont donnés plus tard et avant que les bourgeons ne puissent gêner par leur longueur. Dans les vignes où l'on ne relève pas les pampres, tout se borne nécessairement à ces quatre labours. Mais dans celles où l'on agit différemment, l'on fait passer deux fois encore la charrue.

2° Le deuxième mode est adopté par tout le MÉDOC. On y emploie les bœufs, marchant de front et retenus par le joug. A cet effet, la vigne y est plantée à un mètre en tout sens, et palissée de manière à former des treilles continues dans la même direction, et assez basses pour que le joug puisse passer librement dessus. L'un des bœufs se trouve placé dans la ligne qui doit-être labourée, et l'autre dans la ligne voisine. Le premier labour déchausse les souches à droite et à gauche par deux traits de charrue, et forme la terre en dos d'âne au centre dans toute la longueur de la pièce. Des ouvriers passent ensuite pour nettoyer le pied de chaque cep et travailler la faible partie que la charrue n'a pu atteindre. Au deuxième labour, le dos d'âne est coupé par le milieu et reformé sur chacune des lignes de treilles.

3° Dans des vignes plantées aux mêmes distances, échalasssées à l'ordinaire et dans la même contrée, nous avons vu labourer avec deux chevaux attelés l'un devant l'autre. Le travail se fait, du reste, de la même manière.

5. Épamprement.

L'épamprement consiste à enlever sur chaque souche les bourgeons inutiles, en d'autres termes, ceux qui sortent du pied de la souche, et ceux qui sur la tête ne portent aucun fruit.

Les premiers s'enlèvent ordinairement et avec raison au deuxième labour. Ils s'aperçoivent alors facilement, et leur enlèvement ne présente aucune difficulté. L'ouvrier doit porter ses regards sur chaque pied à mesure qu'il avance en labourant, et ne pas négliger de détacher tous ceux qu'il aperçoit. Cette opération fortifie les bourgeons destinés à porter fruit, et augmente, par conséquent, de produit. Elle prépare en outre une économie de temps à la taille suivante. Elle est surtout importante pour les jeunes souches, sur lesquelles, toutefois, ces bourgeons parasites se montrent plus rarement.

Il est utile de les conserver dans une seule circonstance, lorsqu'une taille mal entendue a élevé démesurément la souche.

Parmi les bourgeons qui se montrent sur la partie du sarment réservé à la taille pour la production, il en est parfois qui ne portent aucun fruit. Leur enlèvement serait utile, sans doute; car la sève qu'ils consomment profiterait aux bourgeons conservés. Cependant cette deuxième partie de l'épamprement se pratique peu ou même pas du tout et avec raison.

Nous ne considérons cette opération comme avantageuse, économiquement parlant, que dans les 2 circonsces suivantes :

1° Dans les contrées où le raisin mûrit avec peine, parce que rien ne doit-être épargné pour faciliter la maturité. Or, l'enlèvement d'un bourgeon, c'est un rayon de soleil de plus pour les autres.

2° Lorsqu'il s'agit de la culture des raisins de table; la valeur des chasselas augmentant considérablement en raison de leur couleur dorée et de leur précocité, justifie l'avantage de cette opération.

Hors ces deux circonstances, nous estimons qu'elle ne rembourse pas les frais, et on le comprend sans peine, si l'on songe qu'elle ne peut-être confiée qu'à des mains habiles, tel sarment qui ne porte aucun fruit pouvant-être le plus essentiel à conserver à la taille. En outre, il n'est jamais un obstacle à la maturité dans la plupart des régions où se cultive la vigne en FRANCE; et enfin, dans les propriétés bien ordonnées, complantées de bons cépages, chargées modérément, il est si rare de rencontrer des bourgeons stériles sur le bois de l'année, que ce n'est pas la peine d'augmenter le travail pour une industrie déjà surchargée.

6. Relevage des pampres.

En facilitant l'accès de l'air et de la lumière, le relevage des pampres avance la maturité du raisin et neutralise les funestes effets de la pourriture ; il donne la possibilité d'augmenter le produit en faisant grossir le fruit par le bienfait d'un troisième labour ; enfin, il diminue les frais de vendange en exposant le raisin aux regards de celui qui le cueille.

Les sarments abandonnés à eux-mêmes et traînant sur le sol sont parfois rompus et détachés de la souche par le passage des chasseurs et des vendangeurs ; ce qui peut diminuer le produit de l'année suivante par la perte des bois les mieux appropriés à la taille. Le relevage remédie à cet inconvénient.

L'époque la plus avantageuse à cette opération est quinze à ving jours après la fleur. En d'autres termes, c'est alors que sont moins à craindre deux dangers qu'il faut éviter.

Si l'on se presse trop en relevant au moment, ou peu de temps après la floraison, on s'expose à augmenter le désastre de la coulure et à rompre les bourgeons encore tendres à leur insertion sur le bois.

Lorsqu'on s'est vu forcé de reculer le relevage jusqu'à l'époque où le fruit a dépassé la moitié de sa grosseur, il est indispensable de choisir un temps couvert pour éviter la flétrissure.

Le jonc et la paille seigle fournissent les liens les plus usités et les plus économiques pour cette opération. Ils doivent-être plongés dans l'eau et ressuyés quelques instants avant leur emploi.

7. Rognages et pincement.

Le rognage est une opération par laquelle on coupe ou casse une partie ou l'extrémité du bourgeon.

Nous ne connaissons le rognage appliqué en grand que dans la GIRONDE, et plus particulièrement dans la contrée connue partout par l'excellence de ses vins sous le nom du MÉDOC. Il n'est pas une opération économique en vue de la production, il est nécessité par le mode du labour. Cependant, il est possible de s'en dispenser, ainsi que nous en connaissons plusieurs exemples dans des vignes labourées de la même manière. Les sarments y sont couchés et liés horizontalement sur les lattes.

Le rognage est souvent appliqué pour les raisins de table dont les souches sont palissées contre des murs ou en contre-espalier. Il est deux manières de l'exécuter :

1° Après le relevage général, on casse le bourgeon un peu au-dessus du cordon supérieur ; ainsi que le relevage, il doit-être fait peu de temps après le fruit noué ; autrement on arrêterait sa croissance et l'on compromettrait la récolte par un enlèvement considérable de feuilles à la fois.

2° Aussi nous considérons le deux moyens comme bien préférable ; il consiste à relever les bourgeons au fur et à mesure qu'ils atteignent le cordon et à couper successivement leur extrémité. Ce n'est plus le rognage, c'est alors le pincement. Il remplit le but sans compromettre ou diminuer la récolte.

Nous compléterons ce qui nous reste à dire à ce sujet lorsque nous traiterons de la culture perfectionnée appliquée aux raisins de table.

8. Effeuillage.

Si nous en jugeons par tout ce qui a été écrit sur ce sujet et par les réponses faites à nos questions par les vignerons praticiens, nous en concluerons que peu de personnes se rendent un compte exact de l'effet produit par l'effeuillage.

Deux avantages incontestables sont les suivants : il diminue le désastre de la pourriture et facilite la cueillette du raisin, au point de compenser et au-delà les frais qu'il occasionne par la diminution de main-d'œuvre aux vendanges, et en présentant le moyen de n'oublier aucun fruit. Ces faits sont bien connus et appréciés des vignerons qui pratiquent habituellement cette opération.

Il n'en est pas de même de l'effet phisiologique produit sur le raisin. La feuille concourant à sa nourriture, il y a danger de l'enlever trop tôt pour la maturité, aussi bien que pour la grosseur. L'époque la plus favorable, en temps ordinaire, est lorsque le fruit approche de sa maturité parfaite. Ainsi, pour les noirs, lorsque les baies les moins avancées sont déjà rouges, par les saisons où la chaleur et la sécheresse se prolongent jusqu'aux vendanges, comme en 1822, 25, 34, 46, 47, l'effeuillage est plutôt nuisible qu'utile. Lorsqu'on persiste à l'exécuter, en pareille circonstance, il convient de le reculer jusqu'à la veille des vendanges.

Enfin, le vigneron ne doit pas perdre de vue que, par la température ordinaire d'août et du commencement de septembre, toute grappe exposée subitement à la chaleur solaire par l'enlévement des feuilles, se flétrit et se perd presque toujours.

9. Déchaussement.

Cette opération est la première par laquelle on commence dans la culture de la vigne. Elle précède la taille, et suit presque immédiatement les vendanges. Autrement, l'époque la plus avantageuse est celle où la végétation s'arrête, la dernière quinzaine d'octobre.

Elle consiste à creuser la terre autour de chaque souche et à laisser le pied découvert.

Elle a deux buts : celui de couper les radicelles qui se forment ordinairement et plus particulièrement au pied des jeunes souches, et celui d'exposer aux météores la terre qui recouvre immédiatement les racines, et de faciliter l'introduction dans ces fosses et la décomposition des feuilles qui se détachent naturellement à cette époque.

Ces fosses doivent-être comblées avant la taille ou avant les fortes gelées. Cette opération est surtout avantageuse aux jeunes vignes. Elle est même indispensable dans toutes les contrées très-humides, à sous-sol imperméable où, comme dans la GIRONDE, on est obligé de combler les fosses à provins immédiatement après leur achèvement, afin que l'eau des pluies n'y séjourne pas.

CHAPITRE IV.

Des différentes manières de renouveler la Vigne.

1° PROVIGNAGE.

Le provignage est une opération par laquelle on couche une souche pour en faire deux, et remplir les vides qui se forment par suite de la mort ou du dépérissement des individus, par vieillesse ou par accident.

La vigne est l'arbre qui se prête le mieux à ce genre d'opération par la souplesse et la flexibilité de son bois. Entre les mains d'un vigneron tant soit peu habile, aucun accident n'arrive lorsque la plante est saine et ne présente aucune plaie dans les sarments destinés au couchage.

Entre les souches qui entourent la place vide, il doit être fait choix de la plus jeune et de celle qui porte les sarments les plus longs; il y a économie à ce qu'ils puissent arriver du premier jet à la place qu'ils doivent occuper.

Dimensions des Fosses.

La longueur de la fosse est déterminée par la distance entre la souche à coucher et celle à remplacer. La largeur est arbitraire. Toutefois, plusieurs choses sont à considérer : la facilité de l'opération, l'économie du temps et le travail de la terre qui profite aux plantes voisines en raison de son étendue, à la seule condition de ménager leurs racines. La règle suivie dans cette circonstance par les vignerons est de donner une largeur suffisante pour coucher avec facilité.

Dans les sols secs et sains la profondeur des fosses se détermine par celle de la plantation ; mais dans les positions et les sols très humides, elle ne saurait-être la même. Ainsi, sur les côtes du Rhône, où l'on suit la règle de planter à deux pieds, on provigne à cette même profondeur, parce que les vignes s'y trouvent dans une position éminemment saine. Dans la Gironde, au contraire, où les terres les plus sèches côtoient les plus humides, sa profondeur doit varier, et varie, en effet, souvent sur la même propriété, si petite qu'elle soit. Dans le vignoble que nous exploitons, nous approfondissons dans les limites de 0^m 30 à 0^m 55.

Les grosses racines, vulgairement appelées les cordes, doivent-être ménagées avec soin. Quand aux petites, si elles sont un obstacle à la prompte confection des provins, elles peuvent-être coupées sans inconvénient. Il y a souvent impossibilité absolue de les conserver. Le travail du sol, et les engrais que l'on y apporte, compensent largement l'effet produit par leur sevrage.

Une souche peut servir au remplacement de deux ou davantage, suivant sa force et la longueur des sarments. Cependant, nous estimons que le nombre de trois doit être rarement dépassé. L'épuisement de la mère pourrait s'en suivre, quelle que fût d'ailleurs la bonne confection des provins.

Epoque où l'on doit provigner.

Il en est du provignage comme de la plantation, avec cette différence que l'on peut provigner en pleine végétation jusqu'au mois de mai. L'on n'a pas à craindre que les bourgeons réservés se flétrissent, parce que les grosses racines ne sont pas déplacées, et que la vie végétale n'éprouve aucune interruption.

Dans les terres saines on peut provigner pendant toute la durée de la suspension de la sève, hors le temps des fortes gelées. La saison la plus avantageuse est de la fin d'octobre à la fin de décembre. Dans les sols humides le provignage doit-être reculé jusqu'en mars, autrement les souches enterrées risqueraient de se perdre par la pourriture. Lors des printemps très pluvieux, il est des positions dans la Gironde où l'on se trouve forcé de retarder jusqu'en mai.

Les provins faits l'automne et fumés avec des engrais animaux entrent en végétation de très bonne heure. Ils sont par conséquent plus exposés aux gelées tardives. Dans les terres sèches, élevées, éloignées des bois et des marais, le vigneron ne doit pas s'arrêter à cette considération : les gelées ont peu de prises dans ces circonstances. S'il en était autrement, il faudrait y avoir égard et ne provigner qu'en mars, même en terre saine.

Des engrais abondants seront placés dans la fosse : jamais ils ne recevront un meilleur emploi ; par la durée et l'abondance des produits qu'ils assurent aux jeunes souches, par le bien que toutes les plantes qui entourent la fosse en éprouvent, et enfin, en ce qu'il n'en résulte aucun inconvénient pour la qualité du vin, en se bornant à mettre à part la récolte des provins, la première année seulement.

Provins par marcotte.

Ce mode consiste à recourber un sarment de la souche destiné au remplacement, et qui (la souche) reste debout, pour être enterré à la profondeur ordinaire, couché au fond de la fosse et ramené contre les parois à la place vide qu'il doit occuper. Ainsi que pour le mode précédent, on taille à deux ou trois yeux l'extrémité du sarment ; mais on enlève tous les autres dans la partie extérieure comprise entre le bois enterré et le corps de la souche. L'oubli de cette précaution affaiblirait considérablement la marcotte et sa mère. Des engrais abondants sont dispensés à toutes les deux.

Les souches, dont le vigneron tire des provins par marcotte, doivent-être taillées plus courtes qu'à l'ordinaire. L'épuisement est plus considérable que dans le premier mode ; parce que, dans celui-ci, tout le bois est enterré, et forme , dès le printemps , de nombreuses et nouvelles racines. Nous avons vu parfois le provin affaiblir téllement sa mère, qu'elle donnait à peine signe de vie, quoique le provin fût dans l'état le plus prospère. Dans ce cas, à l'automne suivant, nous faisons déchausser le pied de la souche, et, après avoir coupé le bois jusqu'à la naissance de la marcotte , nous l'enterrons au moins au-dessous de la profondeur du premier labour , et, par un couchage nouveau , la marcotte fournit au remplacement de sa mère.

Dans la Gironde, le provin n'est sevré qu'à la quatrième année, après l'avoir entamé à moitié l'année d'avant à son insertion, afin de le préparer et de diminuer l'effet de la crise. L'expérience a depuis longtemps confirmé la bonté de cette pratique. Le provin ne paraît nullement s'en ressentir, surtout lorsque , dans l'intervalle, il a été couché de nouveau. C'est une grande faute de sevrer à un an et même à deux, ainsi qu'on le fait dans certaines contrées.

Dans quelques vignobles, le premier mode de provigner est le seul en usage; dans quelques autres, on emploie les deux. Le premier est préférable pour les jeunes souches et pour les vignes faibles; et le second dans le cas contraire. Ainsi, dans les propriétés mélangées de plantes de tout âge et de diverses grosseurs , on comprend très bien l'usage simultané des deux espèces.

Dispositions générales.

Dans les contrées humides , à sous-sol imperméable , les fosses doivent être comblées de suite , afin que l'eau des pluies ne puissent les fatiguer. Sur les rives du Rhône, où les terres ne sont pas mouillées, on comble peu à peu,

à chaque labour, afin de forcer les jeunes souches à former profondément leurs racines et les mettre par ce
moyen à l'abri de la sécheresse. Dans les vignobles où
l'on comble de suite, on remplit le même but en déchaus-
sant à l'automne et en ébarbant.

Tout provin peut-être couché de nouveau l'année suivante sur un seul sarment, en y joignant des engrais. Le
provin par marcotte peut servir au remplacement à la seconde saison, lorsqu'il est de bonne venue. Quand à celui
par le premier mode, il convient d'attendre deux ans pour
renouveler la même opération.

Les provins, exécutés convenablement, produisent toujours dès la première année.

De tous les travaux annuels, nous estimons que le provignage est le plus important à surveiller; non-seulement
par ses suites sur l'avenir de la vigne, mais encore par
la difficulté de reconnaître l'ouvrage. Lorsque les provins
sont comblés, il n'est plus temps de vérifier si la profondeur et les engrais enfouis sont suffisants, et si les sarments enterrés n'ont pas été rompus. Nous ne nous expliquons pas l'ignorance des propriétaires qui imaginent
de donner ce travail au rabais à tant le cent. L'importance que nous y attachons est telle que nous ne man-
quons jamais de les faire exécuter en notre présence, et
nous ne recommandons pas aux ouvriers de se presser.

Sur la rive gauche de la Garonne les provins se paient
deux fr. le cent, et sur les côtes du Rhône 6 fr. 25 c. Cette
différence provient de celle du prix de la journée, 1 fr. 20
et deux fr. autant que de la dimension des fosses. Dans le
second vignoble, le transport des engrais s'effectue à dos
de cheval ou de mulet et se paie 1 fr. 25. Dans le premier, où les charrettes peuvent atteindre partout, ce tra-

vail s'exécute à la journée et coûte très peu. La différence
pour le fumier est aussi considérable, parce que dans la
vallée du Rhône l'aglomération de la population et le
morcellement de la propriété qui en est la conséquence y
sont tels que le cultivateur se trouve forcé de tirer des
villes voisines, à des prix fabuleux, les engrais qui lui
manquent, tandis que dans la Gironde l'étendue et le bon
marché relatif des propriétés donnent le moyen de les fabriquer directement.

Il est difficile d'assigner le nombre des provins à faire
par hectare. Il dépend de beaucoup de causes et varie considérablement. Dans certaines vignes, il est insignifiant,
tandis qu'il peut atteindre parfois le chiffre énorme de 5
à 600 dans les vallées du Rhône et de la Garonne; et il
doit-être plus considérable dans les régions septentrion-
nales. Cette différence provient de trois causes principales : 1° la nature du cépage; sa durée est en raison
inverse de sa faiblesse. Le *pineau* vit moins longtemps
que la *vuidure* et la *serine*; 2° le sol. Les plantes vivent
moins dans une terre sèche et aride que dans une terre
fertile. La différence est souvent énorme. Nous connaissons des souches qui paraissent avoir plusieurs siècles
d'existence; tandis que le même cépage vit à peine 25 ou
trente ans dans une position différente, sous la même
latitude; 3° les soins donnés à la culture. La taille et les
labours ont une grande influence sur la durée de la vigne.

2° RENOUVELLEMENT PAR ARRACHEMENT POUR REPLANTER.

Dans certaines contrées on ne fait aucun provins, et
lorsque la vigne cesse de donner un revenu en rapport
avec le capital, on l'arrache pour la replanter de suite

ou quelques années après, en consacrant l'intervalle à retirer du sol des récoltes céréales, fourragères ou indus-
trielles.

La replantation immédiate est la plus vicieuse de toutes.
La vigne se maintient longues années d'une végétation et
d'un produit faibles : heureux si l'on ne se voit pas forcé
de l'arracher de nouveau, après avoir perdu son temps et
son argent. Pour arriver dans cette circonstance à obtenir
un bon résultat, il faut couvrir le sol d'engrais et de terres rapportées. Il en est de la vigne comme des autres arbres ; une plante nouvelle se refuse à croître où une vieille
souche a péri. Ses racines mortes et décomposées produisent l'effet d'un poison sur ses congénères. Aussi, nous
considérons le mode suivant plus rationnel et plus économique.

L'arrachement doit se faire à la profondeur de la plantation, afin de ne laisser dans le sol aucun débris. La
valeur du bois et l'effet produit sur les récoltes à venir
par un travail profond dédommageront largement de la
dépense (1). La vigueur et le produit de la vigne seront en
raison du nombre des années consacrées à d'autres cultures. L'une des meilleures préparations est le semis des
plantes fourragères de longue durée, telles que l'esparc-
cette et la luzerne. Rien n'est plus économique, parce que
ces plantes couvrent la terre de nombreux débris, engrais
puissant pour les récoltes suivantes. Mais il ne faut pas
perdre de vue que l'esparcette ne réussit que dans les sols

_____

(1) Près de Bordeaux où le bois est abondant (le bois dur ne s'y paie
pas si cher que le bois blanc à Lyon, où le charbon forme la base du
chauffage), nous avons trouvé nos frais et avec bénéfice par la
vente des souches. Il y avait autant de bois sous terre que dessus.

où se rencontre le carbonate de chaux , et que la luzerne demande des terres saines et profondes.

Nous estimons que cinq ou six années de culture suffisent pour ramener la vigne avec avantage. La plantation se fera suivant les principes et les indications exposés précédemment.

Comparaison entre les deux modes de Renouvellement.

Une vigne nouvelle , si bien établie qu'elle soit , ne donne un produit important qu'à la quatrième année. C'est donc un intervalle de 8 à 9 ans au moins pour une vigne replantée. Or, il est des positions et des sols où son produit l'emporte de beaucoup sur tous les autres. Dans cette circonstance, l'arrachement est un mauvais calcul ; le renouvellement par provins est de beaucoup le plus avantageux. Nous en sommes tellement persuadés que, dans notre pratique , nous préférons ce mode , quel que soit le nombre et la largeur des vides, à la seule condition d'avoir au moins un huitième des souches susceptibles d'être provignées. Car , en supposant que les sept huitièmes manquent radicalement, il ne faudra que quatre ans pour arriver à obtenir une vigne dans le plus bel état de prospérité , sans compter les deux avantages suivants qui sont d'un grand poids dans la balance : l'augmentation de produit chaque année , sans perte de temps , et la qualité du vin qui se maintient mieux sur des jeunes souches formées des anciennes par provins que sur une plante entièrement nouvelle.

Ainsi, dans le plus grand nombre des circonstances, le renouvellement par provins est préférable à l'autre. Nous ne nous expliquons pas comment des auteurs ont pu avancer que les frais de provignage équivalaient à ceux de replantation.

Il est des cépages, tels que le roumieu et l'enrageat ou folle-blanche, dont les sarments sont tellement courts à un âge avancé, qu'il peut être impossible de les faire servir à provigner. Alors il convient de les préparer à l'avance par un déchaussement et un engrais et par une taille très courte.

Si l'on considère le prix élevé de la plupart des vignobles distingués et les qualités éminentes que donne aux fruits la vieillesse des plantes, on ne peut que se féliciter de la propagation presque indéfinie sur le même sol de la vigne par le provignage qui la rend en quelque sorte éternelle. L'exemple le plus frappant en existe probablement sur les rives du Rhône, au vignoble de Côte-Rôtie, dont l'établissement paraît remonter jusqu'à l'empereur romain Probus. Le renouvellement n'a lieu que par provins, et cependant le produit, le plus élevé que nous connaissions, à terrain égal, n'a pas cessé de se soutenir au niveau des premières générations.

3° LE SEMIS.

Nous ne connaissons aucun exemple de renouvellement par semis, et nous ne croyons pas ce moyen praticable économiquement. La graine lève avec la plus grande facilité, mais la plante reste longtemps faible et tarde beaucoup à se mettre à fruit. Nous n'avons obtenu du raisin de cette manière qu'à la septième ou huitième année, en petite quantité, quoique nous eussions fait usage de la graine de cépage très fécond, tel que le chasselas. Nous ne conseillons donc pas le semis comme un moyen pratique de renouvellement, mais bien pour arriver à créer des variétés précieuses. Selon nous, cette recherche serait plus avantageuse pour les raisins de table, parce que la moindre différence dans leur grosseur ou leur précocité en amène une considérable dans leur valeur; ce qui n'a pas lieu au même point pour les espèces vinifères, d'ailleurs beaucoup plus nombreuses, et dont quelques-unes semblent remplir des conditions difficiles à dépasser : *vuidure*, *carbenet* (GIRONDE), *serine*, *sira* (VALLÉE DU RHÔNE), *pineau* (BOURGOGNE). Cependant nous conseillons aux hommes de loisir de s'en occuper même pour ces derniers. On ne peut disconvenir qu'un cépage qui participerait de la *vuidure* et du *verdot* sans en avoir les défauts, approcherait beaucoup de la perfection. La vuidure a pour elle la précocité et une production abondante dans les graviers; ce qui manque au verdot : celui-ci fournit un vin de corps et de la plus belle couleur, qui manquent à la vuidure; et chacun d'eux renferme les autres qualités qui distinguent les grands vins. Le propriétaire qui parviendrait à trouver un cépage remplissant toutes ces conditions ne croirait-il pas posséder un trésor?

La découverte d'un raisin comestible réunissant toutes les qualités du *chasselas* à la précocité du *jouannens* ne serait-elle pas pour son auteur un coup de fortune? Or, si nous avions la volonté de nous occuper de cette industrie, voici de qu'elle manière nous procéderions : nous planterions un *chasselas* et un *jouannens* l'un contre l'autre, et, lorsqu'ils commenceraient à produire, nous lierions ensemble les bourgeons de chacun, de manière à mettre les fleurs en contact. Les graines des raisins produites dans ces circonstances seraient toutes recueillies et semées avec soin. Nous sommes persuadé que nous arriverions ainsi au résultat désiré ; nous chercherions à hâter la production de ces vignes de semis par la greffe sur des espèces anciennes ; ce qui peut se faire à la troisième ou quatrième année.

4° LA GREFFE.

La greffe est plutôt un moyen d'amélioration que de renouvellement. Son usage n'est pas aussi répandu qu'il le conviendrait. Lorsqu'une souche donne un mauvais fruit ou un produit insignifiant, s'il s'en trouve à portée une du cépage que l'on veut propager, il convient mieux de provigner que de greffer ; mais lorsque la souche ne peut être changée de cette manière, si elle est jeune et saine, il vaut mieux la greffer que de l'arracher pour replanter.

La greffe réussit facilement, donne fruit souvent dès la première année et avec abondance dès la seconde. Si toute une plantation bien venue se trouvait par erreur composée de mauvais cépages, on ne saurait hésiter ; aucune opération ne pourrait être aussi profitable que la greffe.

La meilleure manière de greffer et la plus facile, est en pente. Le moment le plus favorable est celui de l'ascension de la sève de la fin de février au commencement d'avril, par un temps doux, ni trop sec, ni trop humide. Le sujet doit être coupé à quelques centimètres en terre ; il craindra moins le hâle et la reprise sera plus assurée ; la coupe sera faite horisontalement et dans une partie sans nœud, la fente dans le centre ; la greffe taillée en coin à son extrémité inférieure, d'une longueur suffisante pour faire ressortir deux yeux, sera introduite jusqu'à la partie supérieure du coin, et placée sur le bord de la fente pour

faire correspondre les écorces à l'extérieur. Le sujet sera
lié légèrement avec un brin d'osier, un peu au dessous de
la coupe ; lorsque la souche est forte, les lèvres se resser-
rent avec tant de force, que cette précaution n'est pas indispensable : Il sera placé autour du pied une motte de
terre consistante pressée avec la main, si la terre du lieu
ne peut remplir elle-même cette condition : tout sera re-
couvert et le sol mis de niveau pour prévenir les accidents; le vigneron plantera de suite au pied un échalas
sans ligatures.

Avec les conditions précédemment expliquées, si les
sarments ont été détachés longtemps à l'avance, et mis
provisoirement en terre de manière à ce que le sujet soit
un peu plus avancé, et qu'il n'y ait aucun temps d'arrêt
dans la végétation de la greffe , et enfin si l'opérateur
achève rapidement son travail, la réussite sera certaine;
et il y aura toujours production de fruit ; lorsque les sarments sont convenablement choisis (1). Ils ne doivent chacun fournir qu'une greffe. Ainsi que pour les boutures, le
haut du sarment est plus difficile à la reprise.

Si l'on avait quelque motif de greffer au dessus de terre,
il conviendrait alors d'envelopper avec plus de précaution, par une poupée volumineuse solidement fixée, parce
que le hâle et le dessèchement sont plus à craindre pour
la vigne que pour les autres arbres. Elle ne doit être employée que par nécessité absolue.

La greffe peut avoir une grande influence sur le fruit,
suivant le sujet. Elle ne modifie pas les caractères, la
forme et la couleur; mais elle peut contribuer à augmen-

(1) Il ne faut pas perdre de vue que les bourgeons sortant directement du corps de la souche, ne sont pas fructifères l'année suivante.

ter les qualités qui le font rechercher, la grosseur, la précocité, la fécondité; ainsi le *chasselas* greffé sur l'*enrageat*, ou *folle-blanche* est plus fécond ; sur d'autres cépages, les raisins trop serrés deviennent clairs et plus précoces, ainsi que nous l'avons personnellement expérimenté. Nous estimons que ses effets n'ont pas été assez étudiés, et qu'il serait possible d'obtenir d'autres améliorations.

CHAPITRE V.

Des engrais et amendements, et de leur emploi.

1° DES ENGRAIS.

Toute matière animale ou végétale, susceptible de décomposition par la fermentation putride, peut servir à prolonger la durée et à augmenter le produit de la vigne. Les engrais les plus puissants et les plus énergiques proviennent du règne animal. Le plus employé dans le voisinage des villes, est le fumier de litière, principalement celui des écuries et étables qui reçoivent des animaux de trait, fatiguant beaucoup et bien nourris ; aussi voit-on dans les villes entourées de vignes et jardins, comme Lyon et Vienne (Dauphiné) ces sortes d'engrais s'enlever à des prix exhorbitants. Les débris de cornes, de laines, les plumes et les tourteaux de colza, sont très recherchés autour des villes précédentes, qui en exportent jusque sur le littoral de la Méditerranée. Les boues des rues composées de matières terreuses, mélangées de cendres et de débris de toute espèce, animaux et végétaux, forment un engrais excellent, actif et durable.

Dans beaucoup de circonstances, les engrais les plus abondants et les plus faciles à se procurer sont fournis par les végétaux; tous les débris de plantes et arbres, peuvent servir utilement à l'alimentation de leurs congénères, et par conséquent de la vigne. Ceux qui se trouvent ordinairement le plus à la portée sont les bruyères, genêts ou ajoncs qui recouvrent les terres vagues : les plantes des marais employées avec succès dans les vignobles assis sur les côteaux dominant la Camargue ; les branches des arbres à feuilles persistantes, les pins, les genevriers, les bourgeons de la vigne, le marc du raisin, les feuilles au moment de leur chûte. Cependant, quant à ces dernières, il en est, telles que les feuilles de chêne, qui demandent à passer sous le bétail, parce que le tannin dont elles sont imprégnées serait nuisible particulièrement aux jeunes souches provignées récemment, qu'elles pourraient faire périr. Les gazons des prés, les alluvions chargées d'humus, les curures des fossés et des mares; ces dernières mises et laissées auparavant en tas pendant plusieurs mois, servent à la fois d'engrais et d'amendements, et, augmentant l'épaisseur de la terre végétale, produisent par ces causes réunies d'excellents effets, soit par la promptitude de leur action, soit par leur durée.

2° Des Amendemeuts.

Les matières qui peuvent servir d'amendement sont des corps terreux ou des roches friables, qui, répandues à la surface du sol et mélangées avec lui, corrigent ses défauts et augmentent l'énergie des agents extérieurs qui concourent à la production ; ainsi ils sont d'autant plus utiles et plus précieux qu'ils diminuent la ténacité et la froideur des argiles, la sécheresse et la mobilité des sables.

Les matières calcaires, sous quelque forme que ce soit, sont le meilleur et le plus avantageux des amendements, soit par leur abondance dans la nature, et la facilité de se les procurer presque partout, soit par leur action et la promptitude de leur effet. Elles rendent les argiles plus friables et plus perméables aux racines et aux agents atmosphériques; elles diminuent leur aptitude à se refroidir, leur permettent de s'emparer de la chaleur solaire à un plus haut degré, et augmentent par conséquent l'énergie vitale, qui est en raison de son intensité, toutes les fois du moins qu'elle n'enlève pas l'humidité nécessaire à la végétation.

La marne argileuse donne de l'adhérence aux sables et les rend moins sujets à ces alternatives fréquentes d'humidité et d'extrême sécheresse qui compromettent l'existence des végétaux, ou tout au moins arrêtent leur croissance et diminuent leur production.

Le sable et le gravier servent aussi d'amendement pour les argiles, et celles-ci pour les sables par une partie des mêmes causes que pour la chaux; mais leur énergie est de beaucoup inférieure, et leur mélange intime plus difficile à obtenir.

3° Emploi des Engrais.

Il existe trois manières principales de répandre les engrais employés ensemble ou séparément, dans les différents vignobles.

1° Dans quelques-uns de ceux où l'on est dans l'usage de renouveler la vigne par provins, on se contente ordinairement de placer l'engrais dans les fosses. Cette mé-

thode est la meilleure, parce que non-seulement elle profite
aux souches qui en ont le plus besoin, mais encore aux
racines les plus profondes, les plus essentielles à renfor-
cer. Les ceps qui entourent immédiatement les provins
se ressentent particulièrement de cette opération, et l'on
n'a jamais à craindre de faire contracter au vin un mauvais goût.

2° Il est une autre manière de répandre les engrais
suivie partout, même dans les vignes, que l'on renou-
velle par provins, lorsqu'on n'est pas satisfait de l'augmentation de produit qu'ils procurent. Elle consiste à
partager la vigne en un certain nombre de parties égales,
et à fumer chaque année l'une de ces parties, en sorte
qu'elle soit tout entière engraissée dans une période de
huit à dix ans, pendant laquelle on estime que les engrais
ont produit tout leur effet.

On procède à ce travail de trois manières différentes :
la plus suivie consiste à déchausser autour du pied de la
souche ; par la seconde, on creuse une fosse suffisamment
large entre trois ou quatre ceps ; et enfin, dans les plantations régulières, on ouvre la fosse dans toute la longueur de la pièce, entre chaque deux rangs de vigne, ou
de deux intervalles l'un.

Quelle que soit la méthode employée, il faut ménager
les racines, et surtout creuser assez pour que l'engrais ne
puisse être ramené à la surface par les labours. Il convient encore que la part faite à chaque souche soit en
raison de leur faiblesse.

3° Il est une troisième méthode très employée dans
certaines localités ; méthode vicieuse et irrationnelle s'il
en fût, dont nous sommes cependant obligé de rendre
compte à titre d'historien. Elle consiste à répandre les

engrais à la surface et à les enterrer par le premier labour, ou à la chute des feuilles, par un labour d'hiver. Le seul avantage qu'il présente est une petite économie de main-d'œuvre.

Les inconvénients de cette méthode sont graves et nombreux; les principaux sont les suivants :

Les engrais appliqués à la surface profitent aux racines superficielles, aux dépens des plus profondes, sur lesquelles repose la résistance des souches aux intempéries, et leur durée.

Mais ce qui est beaucoup plus grave, c'est que les engrais excitant fortement la sortie des radicelles à la surface, elles s'y forment inévitablement, et lorsque la sécheresse se fait vivement ressentir, elles sont presque toujours anéanties, même en terre fertile, et la récolte en est parfois affectée au point d'être entièrement perdue. Nous en avons eu l'exemple le plus frappant en 1835, sur une propriété voisine de la nôtre.

Si les engrais répandus à la surface du sol profitent peu à la plantation, ils profitent au contraire singulièrement aux plantes adventices, pour lesquelles ils semblent avoir été répandus, et qui donnent alors à la vigne l'apparence d'une prairie. Le vigneron se voit forcé de multiplier les binages, sous peine de donner plus de puissance à la sécheresse l'été et à la pourriture à l'époque des vendanges. Ces inconvénients deviennent inévitables dans les propriétés où les pampres n'étant pas accolés, rampent sur le sol, et rendent le parcours impossible.

Nous avons vu apporter des pierres et des graviers sur la surface de certaines vignes, où l'herbe croissait avec vigueur et persistance, ne réfléchissant pas que cette plaie provenait principalement de l'emploi vicieux des engrais.

Quelques personnes sèment le lupin au dernier binage. Les vignerons le foulent pour les travaux d'hiver, sans l'empêcher de croître; au printemps on l'enfouit. Le trèfle incarnat s'emploie dans le même but; nous le croyons moins avantageux dans les contrées où le premier résiste à l'hiver, parce que sa croissance est moins rapide, ce qui force à reculer le premier labour. La fève, la vesce d'hiver, et toute plante de croissance rapide, résistant au froid, peuvent servir également.

4° Emploi des Amendements.

Si les engrais doivent être enfouis profondément pour remplir le but que l'on doit en attendre, il n'en est pas à beaucoup près de même quant aux amendements. Les engrais étant destinés particulièrement à fournir à la plante une nourriture toute préparée, doivent être immédiatement à portée des racines; mais les amendements étant destinés à corriger les défauts du sol, ils doivent être non-seulement mélangés avec lui de la manière la plus intime, mais encore superficiellement, afin que leur action soit plus efficace. Ainsi, il n'est qu'une seule manière de le répandre, et, parmi les sols particulièrement propres à la vigne, il en est beaucoup où les amendements ne sont pas tellement utiles qu'ils ne puissent s'en passer. Ceux où ils produisent le meilleur effet sont par dessus tout ceux qui se laissent facilement battre et durcir.

Lorsqu'on veut se servir de l'argile pour amender, il est d'absolue nécessité de la laisser à la surface assez longtemps pour qu'elle se délie, et sur une très petite épaisseur, afin de faciliter le mélange intime des terres. Si elle était enfouie de suite, elle resterait en motte et se conserverait en cet état sans aucune utilité pour les plantes.

CHAPITRE VI.

Culture perfectionnée.

Pour les vignes dont le raisin est réservé en nature à la consommation ou à la vente, et dont, par ces motifs, la valeur est ordinairement plus considérable, nous employons des moyens de culture perfectionnés qui peuvent être également mis en œuvre, au moins en partie, pour les vignes à vin, et dont nous allons rendre compte.

. En plaine, nous établissons la plantation de manière que les souches puissent être palissées dans la direction du nord au midi. Il résulte de cette disposition deux avantages qui tournent au profit de la maturité et de la coloration du raisin. 1° Le terrain recevant sur toute sa surface, pendant le milieu du jour, l'action directe de la chaleur solaire, s'échauffe davantage, et réagit en conséquence sur la végétation, directement par les racines, et par réflexion sur le raisin. 2° Le soleil frappant le contre-espalier d'un côté, le matin jusqu'à midi, et de l'autre de midi au soir, le fruit mûrit plus également et se colore dans toutes ses parties.

Sur les pentes rapides, il convient que le palissage ait lieu exactement dans le sens de la pente, pour la facilité des travaux.

L'écartement des lignes est arbitraire. Cependant, s'il

est combiné de manière à ce que l'ombre projetée frappe le moins de temps possible sur le fruit, la maturité et la conservation s'en ressentiront d'une manière sensible. Ainsi, nous estimons que la distance de trois à quatre mètres est avantageuse. Nous avons eu lieu d'observer le mérite de cette disposition dans les années tardives et les automnes froides. On ne doit pas hésiter lorsque le terrain est susceptible d'être cultivé.

Dans les lignes, nous plantons les souches de 1^m à 1^m 30. Entre chaque couple et au milieu, nous plaçons un piquet relié au sommet avec ses voisins sur toute la longueur par un seul cordon de fil de fer, à 0^m 70 ou 0^m 80 au-dessus des souches. Si les piquets proviennent de châtaigner, et surtout d'acacia refendu, mis auparavant à l'eau plusieurs mois, ils seront d'une très longue durée.

La taille et le palissage des sarments et bourgeons que nous avons adoptés diffèrent de la méthode de Fontainebleau, et nous paraissent plus avantageux. Voici en quoi ils consistent.

Nous taillons tous les ans sur deux sarments nouveaux, l'un à droite, l'autre à gauche, d'une longueur suffisante pour se croiser avec les sarments des souches voisines; nous leur enlevons un œil sur deux dans les situations où la maturité n'est pas toujours facile; nous les fixons horizontalement par un brin d'osier au piquet en regard, de manière à figurer une corde tendue. La position horisontale répartit mieux la sève entre les bourgeons, et facilite les opérations subséquentes.

Au fur et à mesure qu'ils peuvent atteindre le fil de fer, les bourgeons sont relevés et fixés perpendiculairement un à un et séparément. Dans les terres fortes et fertiles, on pince en même temps l'extrémité et successivement, à moins que la sève ne s'arrête par l'effet de la sécheresse, afin qu'ils ne portent pas ombrage aux fruits en retombant sur eux.

Dans les graviers, ou dans toute terre sèche, nous procédons différemment, parce que nous estimons qu'il y a danger à enlever les feuilles, si peu que cela soit. Nous en avons plus haut expliqué la raison. Ainsi, au lieu de pincer ou couper, nous courbons et fixons ensemble sur le fil de fer les bourgeons à mesure qu'ils s'allongent. Il est important que cette opération se fasse à de courtes distances, parce que si, aux approches de la maturité, le raisin, tenu à l'ombre depuis long-temps, était découvert tout-à-coup, il pourrait se perdre par le grillage : inconvénient qui n'a jamais lieu pour les chasselas et la plupart des autres cépages, lorsque le fruit a été constamment exposé au soleil, et la plantation et la culture faites avec les soins convenables.

Par toutes ces dispositions, il en résulte que, sans ef-feuillage aucun, le raisin est entièrement et depuis sa naissance, mis en regard des rayons solaires, et que la maturité et la coloration en sont considérablement avancées, sans perte sur la grosseur et la beauté du fruit.

Ceux qui n'ont jamais vu de vignes ainsi conduites, ne peuvent se faire une idée du coup-d'œil agréable qu'elles présentent. La récolte dans chaque ligne s'aperçoit tout entière, sans qu'il puisse échapper une seule grappe au regard : à tel point que la première exclamation que l'on entend à la vue de ces cordons est celle-ci : *Mais vous avez effeuillé* !

Afin d'avancer la maturité, il convient de conduire la taille ou le palissage de manière à ce que le raisin se trouve à peu de distance du sol pour le faire profiter de la chaleur par réflexion. Dans les terres très pierreuses, il peut être placé à fleur sans inconvénient. Il n'en est pas de même dans les autres. A la suite des fortes pluies, le fruit pourrait se salir et perdre de sa valeur. Or, l'expérience nous a appris que, dans cette circonstance, le cordon doit être élevé de 0^m 40 à 0^m 50. Cependant, on pare à cet inconvénient en avançant le dernier labour, afin que le sol devienne ferme, et en n'arrachant pas les herbes, que l'on doit se contenter de couper, si elles devenaient abondantes.

Lorsque la vigne végète avec force, elle donne une grande quantité de sous-bourgeons. Dans les terres fertiles, où l'on emploie le pincement, on procède à cette opération pour ceux-ci comme pour les bourgeons. Mais dans les terres très sèches, il ne convient pas d'y toucher avant la fin des fortes chaleurs et la maturité complète. Quoi qu'il arrive, par cette méthode, le fruit aura toujours assez de soleil pour se colorer, et assez d'air pour échapper à la pourriture.

Les avantages que présente cette culture sur celle de Fontainebleau et Thoméry, sont les suivants : 1° elle est plus économique ; 2° le raisin mûrit un peu plus tôt ; 3° il ne se forme pas de vide par la perte des coursons, inconvénient très commun dans les contre-espaliers, plus sujets aux intempéries que les espaliers abrités par des murailles.

Vignes cultivées pour raisins de table.

Les cépages les plus répandus en France sont les suivants :

Chasselas doré. . . . . le meilleur de tous dans le centre et le nord. Nous croyons que, sur le littoral de la Méditerranée, il conviendrait d'éviter les expositions chaudes.

Chasselas rouge. . . . à peu près aussi bon et aussi avantageux.

Chasselas mornain. . espèce plus rustique, à baies plus serrées. Il en existe une variété remarquable par la grosseur de ses baies ; en le greffant sur certain cépage noir dont nous ignorons le nom ; nous en avons obtenu des grappes à baies écartées, de la plus étonnante beauté.

Nous connaissons une variété du dernier à fruit noir.

Tous les précédents sont faciles sur le terrain ; ils sont vigoureux et productifs. Nous avons eu dans nos cultures des sarments de dix mètres, avec une récolte en rapport.

Jouannens, ... blanc précoce ; répandu autour de Bordeaux sous le nom de Magdeleine blanc : inférieur au chasselas, plus précoce. Produit peu dans les graviers.

Morillon hâtif. . . raisin de la Magdeleine, noir ; il n'a de mérite que la précocité. Il mûrit à Bordeaux au commencement d'août et au-dessous de Lyon, à la fin de juillet.

Malvoisie. . . . . Sous ce nom, on cultive, près de Bordeaux, un raisin blanc, tardif, à petites grappes serrées et baies ovales, qui n'a suivant nous d'autre mé-

rite que celui de résister à la pourriture mieux que les chassselas et de
fournir à la vente sur les marchés
après celui-ci. On donne à Lyon le
même nom à un raisin essentiellement différent, le pineau gris.

Muscat blanc. cépage vigoureux, produit considérable contre les murs ; très sujet à
couler en plein air, plus encore dans
la Gironde que dans la vallée du
Rhône. Il ne produit un peu abondamment dans cette dernière circonstance, que par les printemps les
plus secs, surtout au moment de la
floraison.

Muscat rouge. ou gris, moins répandu ; à peu près
mêmes défauts et mêmes qualités.

Muscat noir. Il en existe une variété très précoce.

Muscat d'Alexandrie très grosses baies allongées ; le plus
tardif, mûrit mal à Bordeaux, réus-
rit mieux au-dessous de Lyon, où
nous l'avons toujours cueilli parfaï-
tement mûr ; plus sujet à couler que
les autres muscats. Pour éviter ce
défaut, il doit être placé contre des
murs, au sommet desquels se trouve
un avant-toit, pour les garantir de
la pluie et de la rosée, causes principales de la coulure.

Plusieurs cépages parmi ceux qui se cultivent pour le
vin, fournissent des raisins comestibles estimés. A Bordeaux, le sauvignon blanc, et à Lyon, le gamcé et la

roussanne blanche, se vendent sur les marchés concurremment avec les précédents.

2. Cueillette et conservation du fruit.

La conservation du fruit dépend surtout de l'époque choisie pour la cueillette. Lorsque le fruit est arrivé à sa maturité convenable avant les grandes pluies d'automne, et qu'on a pu le cueillir à la suite d'une sécheresse soutenue, l'on peut être assuré d'une longue conservation.

La croyance assez généralement répandue qu'il y a de l'avantage à cueillir le raisin avant sa complète maturité, repose sur une erreur dont voici l'explication. Les grandes pluies arrivent ordinairement après le milieu de septembre. Tout raisin cueilli avant cette époque se conserve quelle que soit sa maturité, à cause de l'état de la pellicule épaisse et ferme à la suite d'une chaleur estivale. Or, comme dans une grande partie de la France, même à Bordeaux et à Lyon, dans les positions défavorables, le chasselas ne mûrit pas complétement, dans les années ordinaires, avant l'époque précitée, les fruits très mûrs cueillis après les pluies se conservent moins que ceux cueillis avant, malgré une maturité imparfaite. Nous n'en admettons pas moins comme règle que *le raisin se conserve en raison de sa maturité*, toutes les autres circonstances de temps et de cueillette égales d'ailleurs.

Les propriétaires et maîtres de maison doivent donc rechercher tous les moyens de faire arriver la maturité complète dès le mois d'août, ou les premiers jours de septembre au plus tard dans les années ordinaires, et rien n'est plus facile autour des villes que nous avons citées, en combinant la culture perfectionnée avec le choix d'une terre graveleuse en pente au midi.

Si l'époque choisie pour la cueillette est d'une importance capitale, la manière de cueillir l'est presque autant. L'ouvrier doit saisir la grappe par la pédoncule sans toucher le fruit; détacher immédiatement avec des ciseaux les graines gâtées, et les poser doucement sur les paniers ou corbeilles qui doivent les transporter au fruitier; enfin le milieu du jour doit être choisi pour cette opération.

Cueilli dans les conditions les plus favorables que nous venons d'expliquer, le fruit aura de si bonnes dispositions à se conserver, que la pourriture ne l'atteindra jamais, quelque part qu'on le mette, pourvu que le fruitier soit parfaitement sec.

Lorsque la cueillette a eu lieu dans les meilleures conditions, la manière la plus simple, la moins coûteuse est de placer le fruit sur un lit de paille longue, reposant elle-même sur des tables ou une planche; et si on craint la poussière, on recouvre le tout d'une légère couche de la même paille. Il est bien entendu que les raisins doivent être mis sur un seul rang.

Le moyen suivant est plus assuré, mais il est plus minutieux. Des perches ou des cerceaux sont supendus dans l'appartement. Ils servent à supporter les grappes réunies par deux avec du gros fil; le fruit ainsi placé se conserve beaucoup mieux, et il se ride plus vite. Les deux méthodes pourraient être employées simultanément; ceux-ci seraient réservés pour les derniers. L'humidité de l'hiver attaque plutôt les premiers.

Il est possible de maintenir longtemps le raisin frais et sans rides par la manière suivante : on le place couche par couche avec du millet bien sec (le millet des oiseaux est le meilleur) dans une barrique ou une caisse secouée légèrement à mesure du remplissage, afin qu'il ne reste aucun vide; arrivé au sommet, la barrique ou la caisse doit être fermée hermétiquement. Le millet vaut beaucoup mieux que le son ou la sciure de bois indiqués par quelques personnes, parce que ces derniers salissent les raisins. Si l'on persistait à s'en servir, chaque grappe devrait être enfermée dans du papier de soie, ce qui remplit à peu près le même but.

Nous avons encore employé le moyen suivant : au primtemps, l'on dispose des caisses ou des pots, de manière à faire passer par le bas des marcottes taillées à deux yeux au-dessus de la terre qui remplit le vase. Si la marcotte est tout entière hors du sol, les yeux placés au-dessous, du côté de la souche-mère, sont enlevés avec la serpette, et la terre du vase est entretenue légèrement humide dans le cours de la végétation, afin de forcer la marcotte à prendre racines. Après la maturité du raisin, et avant la chute des feuilles, on la sèvre pour la rentrer dans l'appartement. Elle conserve ainsi longtemps ses fruits frais et ses feuilles plus tard, dépopée avec soin, de manière à ne pas ébranler la motte, elle fournit un excellent chevelu, capable de donner fruit de suite, si elle est bien enracinée.

CHAPITRE VII.

Des Échalas.

1°. Leur conservation.

Dans la grande majorité des vignobles, le seul fait en vue de la conservation des échalas se borne à l'enlèvement de l'écorce du bois peu de temps après la coupe. Dans quelques-uns, on les arrache après la chute des feuilles de la vigne, et on les empile sur les lieux mêmes, autant pour faciliter les travaux d'hiver, que pour augmenter leur durée. Cette pratique n'a lieu que dans certaines contrées du centre et du nord de la France, où l'on emploie des échalas très-courts servant de soutiens aux cépages les plus faibles, tels que les pineaux. Dans les vallées du Rhône et de la Garonne, où les échalas ont une grande élévation, 2^m 50 à 3^m, ils ne quittent pas le pied de la souche.

Quelques propriétaires riches et soigneux ajoutent la précaution de ne faire servir les échalas que l'année après leur confection, en les tenant à l'abri sous des hangards.

De tous les moyens de conservation mis en pratique par nous, il n'en est aucun qui présente plus d'avantages que le suivant : aussitôt les bois abattus et pelés, ils sont liés fortement par paquets et plongés dans l'eau où ils doivent être maintenus plusieurs mois. Coupés et immergés en novembre, ils peuvent être retirés et employés en mars. Ceux qui ne connaissent pas ce moyen ne sauraient croire combien il augmente la durée des bois : au sortir de l'eau il sont devenus tellement durs que l'on a dû songer à les épointer avant leur immersion. Nous n'avons point employé cette voie pour les bois blancs, et nous doutons qu'elle présente pour eux le même avantage.

Ainsi que nous l'avons dit précédemment, l'échalassement constitue la plus forte dépense dans la culture de la vigne et il ne doit rien être épargné pour la diminuer. C'est dans cette vue que quelques propriétaires éclairés font en ce moment des essais pour augmenter la durée des bois. Nous savons que le coltar et d'autres ingrédients ont été employés. Nous rendrons compte du résultat de ces expériences lorsqu'ils auront été dûment constatés.

2° Des bois propres à faire des échalas.

Nous avons vu employer dans ce but des bois de tous les genres, sans en excepter les brins des jeunes taillis de chêne qui se pourrissent et rompent souvent dès la première année, et ceux des haies, tels que l'aubépine, le sureau, qui fournissent des échalas de bonne qualité. Mais les plus répandus sont les suivants, placés ici dans leur ordre de mérite :

Robinier, acacia commun.
Châtaignier,
Pin silvestre.
Marsaut.
Peuplier noir.
Sapin.
Pin maritime.
Saule blanc.
Tremble.
Peuplier blanc, ou ypréau.

Au mérite de croître avec rapidité, chacun dans le sol qui lui convient, ces arbres ajoutent celui de donner des

perches droites, et, ceux à feuilles caduques, celui de se
fendre avec la plus grande facilité.

Tous les sols, quelle que soit leur composition, peuvent
trouver dans la nomenclature précédente l'arbre qui leur
convient. Nous n'avons pas à nous occuper des terres
d'alluvion saines, et des terres franches et profondes,
parce que tous les végétaux, arbres ou plantes, y prospè-
rent.

Si l'on en excepte l'acacia, plus exigeant que les autres,
chacun des précédents affecte une position ou un sol particulier ; à part la craie sans mélange, et les roches com-
pactes en banc à peine recouvertes, nous ne connaissons
pas de terre qui ne puisse donner naissance à une végétation vigoureuse. Or, le propriétaire de vignes qui entend ses intérêts doit toujours consacrer une partie de sa
propriété, lorsque son étendue le comporte, à la plantation d'arbres destinés à lui fournir le bois nécessaire à
son exploitation.

L'acacia ou robinier.

Suivant nous, en fait d'arbres, l'acacia est la plus utile
conquête que l'Europe ait faite sur l'Amérique. Bois de
chauffage et de service de premier ordre, il réunit au plus
haut degré les qualités éminentes qui distinguent les bois
durs et les bois blancs, c'est-à-dire la durée des uns et
la croissance rapide des autres. Aussi, lorsque nous exploitons une propriété nouvelle, une de nos premières opérations consiste à nous créer un taillis de cet arbre précieux.

Etabli dans un terrain convenable, il donne dès la troisième année d'excellents échalas, et des bourrées pour les
fours, supérieures à celles de chêne, à grosseur égale.
A un âge plus avancé, des piquets et des bois de refente
sans pareils ; des manches d'outils se polissant par l'usage
et doux à la main, presque indestructibles ; des rayons
de roues supérieurs à tous autres, des parquets et des meu-
bles de la plus grande distinction, etc. (1)

Son mérite est apprécié dans la Gironde, à en juger par
le nombre des taillis que l'on y rencontre. Le lecteur nous
pardonnera d'être un peu sorti de notre sujet en faveur
du haut mérite de cet arbre que l'on devrait, selon nous,
rencontrer sur toutes les propriétés.

Il craint plus que beaucoup d'autres arbres l'extrême
sécheresse et l'extrême humidité. On doit lui consacrer
des terres saines et profondes. Dans cette position et dans
les pays vignobles nous estimons que nul produit de la
grande culture ne lui est comparable.

Le Châtaignier.

Le terrain par excellence de cet arbre est la terre ar-
gilo-siliceuse, où il suffit de la défendre des eaux stagnantes. Il redoute surtout dans sa jeunesse, les gelées tardives. C'est presque un malheur pour les landes de la Gironde,
contrée éminemment gelive, parce qu'il y croît avec
rapidité, lorsque les sables ont de la profondeur ; et que

(1) Les échalas ronds d'acacia exposés à l'air, sont sujets à se voiler.
On remédie facilement et de deux manières à cet inconvénient : par
leur immersion dans l'eau durant trois ou quatre mois, ou en les
liant fortement par paquets avec trois liens, et en les laissant à l'abri
sous un hangard pour ne les employer que l'année suivante. L'augmentation de frais qui en résulte est largement compensée par la plus
longue durée des échalas.

son bois y est très recherché, par l'immense consommation qu'il s'en fait à Bordeaux pour les cercles.

Il est si rare de le voir prospérer sur les sols calcaires, que beaucoup d'auteurs prétendent qu'il n'y peut réussir. Cependant nous connaissons des exemples du contraire, particulièrement au pied de la chaîne du Jura, sur France, dans la vallée du Léman.

Le meilleur moyen de propagation de cet arbre, ainsi que de l'acacia, est par plants de un ou de deux ans venus de semis en pépinière. Le terrain doit avoir été préparé l'automne par un labour de défoncement de $0^m 45$ au moins, et la plantation faite à la même époque dans les terres saines, et les positions à l'abri des gelées printanières ; sinon, elle sera reculée jusqu'en mars. Enfin, il ne faut pas perdre de vue l'avantage considérable pour tout végétal de planter le soir même les arbres arrachés le matin.

Marsaut, (1) Saule, Peuplier. etc.

Les autres arbres à feuilles caduques préfèrent les sols humides, sujets à être inondés, leurs graines très fines lèvent bien. Cependant le semis n'est jamais employé en grand, parce qu'ils reprennent de bouture avec une extrême facilité, et que, par ce moyen, la jouissance en est plus prompte.

De ces derniers, le marsaut est celui qui prospère le mieux dans les sols de marais longtemps recouverts par les eaux ; et les peupliers ont la faculté de croître assez bien dans les sols secs, toutefois profonds et de bonne

(1) Dans la Gironde, le marsaut porte le nom de saule, et le saule celui d'aubier.

qualité, telles que les terres argilo-calcaires, auxquelles
on donne le nom de terres franches. Le bois y croît moins
rapidement que dans les positions humides ; mais il y est
de qualité relativement supérieure.

Les pins et sapins.

Ces arbres, principalement les premiers, sont la providence des sables granitiques et siliceux. Ils y croissent
avec vigueur, quelqu'arides qu'ils soient en apparence, à
la seule condition d'y rencontrer de la profondeur. Trans-
plantés, ils sont difficiles à la reprise ; mais leur graine
lève en quelque sorte sans soin. Enfin, de tous les arbres
cultivés, les pins surtout, aucun n'exige moins de travail, à tel point que ce fait a produit dans l'esprit d'un
grand nombre de personnes une erreur nuisible à leur
propagation, ou plutôt à leur produit : à savoir que tout
guérét est non-seulement inutile, mais encore nuisible à
leur plantation. Or, ils ne font pas exception à la règle
commune, et les exemples en sont si nombreux, que nous
ne pouvons expliquer l'erreur précédente que par une
certaine paresse d'esprit qui éloigne de l'observation.

Nous n'avons jamais mis le pied dans un jeune bois
de pins venus de semis, sans apercevoir des touffes d'arbres plus élevés que leurs voisins : or, toutes les fois que
nous avons examiné le sol, nous avons eu la preuve qu'il
avait été fouillé profondément dans ces parties.

CHAPITRE VIII.

Frais de culture de la vigne en diverses contrées par hectare.

1ᵉʳ TABLEAU.

Médoc. (1)

Taille,	22ᶠ	75ᶜ
Sarments, sécaille, ramasser, enlever, etc.,	7	80
Echalassement, accolage,	20	15
Echalas de remplacement,	65	15
Osier (2),	26	55
Tirer les cavaillons (3),	11	70
Enlever le chiendent,	10	55
Provins à 25 francs le mille,	10	55
Oter le bois gourmand,	3	90
Déchausser le vergus,	1	95
Couper, mêler les terres et complanter,	11	70
Clore les vignes et garder,	5	85
Entretien des fossés, haies et aquéducs,	7	80
Epamprer et relever,	3	25
Arracher les grandes herbes,	11	70
Destructions des insectes,	15	60
Tous les trois ou quatre ans enlever les terres des allées entraînées par les bouviers,	5	85
Tous les dix ans fumage,	15	60

(1) Mémoire sur le Médoc, par M. Joubert.
(2) L'osier porte dans la Gironde le nom de vimes.
(3) C'est travailler à bras la partie du sol voisine des souches que la charrue n'a pu atteindre.

Relever les échalas et lattes ,	2	35
Gages du maître vigneron ,	11	70
Gages des valets ,	46	80
Dépense des bœufs ,	93	75
Charrette, tombereau, charrues ,	15	60
Réparations d'outils et fourniment,	12	90
Herbes de marais pour litière ,	12	90
Compte de forgeron ,	11	70
Réparation de logement, parcs, granges ,	13	65

480f. 15c

2me TABLEAU.

Vignobles autour de Bordeaux, désignés sous le nom de vignes de Graves.

Taille ,	31f	DDc
Echalassement , accolage,	31	
Premier labour ,	31	
Deuxième labour,	25	
Troisième labour,	25	
Relevage des pampres ,	6	
Effeuillage ,	6	
Echalas de remplacement, 2,500 à 25f le mille,	62	40
Osiers pour lier les souches, de gerbes et astes aux échalas ,	6	
Jonc pour attacher les pampres , 20 kil. ,	2	
Relever les échalas renversés par les orages ,	1	50
Provins , 150 à 2 francs le cent ,	3	
Fumier pour les provins ,	18	
Fumage tous les dix ans,	36	
Destruction des insectes,	4	
Renouvellement par cinquantième,	12	

300 f

3me TABLEAU,

Frais dans quelques parties du bassin du Rhône.

Taille,	
Echalassement,	
Accolage,	105ᶠ 55ᶜ
Deux labours,	
Relevage des pampres,	
Echalas de remplacement,	150
Osier,	10
Paille de seigle pour lier les pampres,	4
Provins, 200 à 7 fr. 50 le cent, transport des engrais compris,	15
Fumier pour les provins,	40
Réparation des murs en terrasse,	20
	344ᶠ 55ᶜ

4me TABLEAU.

Champagne, marceuil, ay, diry. (1)

Tailler,	55ᶠ 50ᶜ
Bêcher,	93
Provigner,	75
Ficher,	37
Refuir aux bourgeons,	27 75
Rogner ou lier,	65
Labourer deux fois,	111
Echalas,	111
Arrachage,	20
Fumier,	222
	817ᶠ 25ᶜ

(1) *Cultivateur*, septembre 1844.

VIGNES A PARTAGE DE FRUIT.

Vallée de la Saône. — *Saône-et-Loire, ancien Mâconnais et Rhône, ancien Beaujolais.*

Les conditions sont établies de manière que le vigneron donne son travail, et le propriétaire fournit, avec le capital de la propriété, tout ce qui exige des déboursés, à l'exception des impôts qui se payent par moitié. Ainsi aux frais du propriétaire :

Le logement,

Les échalas,

Le fourrage pour le bétail qui appartient au cultivateur ainsi que son produit, sauf une petite redevance.

AUX FRAIS DU VIGNERON.

Les façons de la vigne,

Les provins,

La paille nécessaire pour le fumier destiné aux vignes,

Les vendanges et soins à donner au vin.

La moitié des impôts.

L'osier se trouve presque partout sur la propriété.

Les sarments sont partagés.

Les débris d'échalas au vigneron.

Lorsqu'on arrache une parcelle de vigne vieille pour replanter, le propriétaire donne les plants, et le vigneron son travail, et les souches appartiennent à ce dernier.

2° Observations au sujet des tableaux précédents.

Nous n'avons mis en présence que les frais de culture; nous laissons pour un autre moment ce qui regarde la fabrication du vin.

Ainsi qu'on vient de le voir, ces chiffres diffèrent considérablement, et ces différences exigent une explication.

D'abord, il convient de faire ressortir une similitude de position entre les vignobles de Graves et ceux du Rhône, qui n'existe plus avec ceux du Médoc.

Les premiers sont mélangés de cultures de tous genres, et sont, par cette cause, entourés d'une population nombreuse de cultivateurs pour leur propre compte, auxquels les propriétaires donnent leurs vignes à travailler à l'entreprise ou à la journée, sous la direction d'un chef-ouvrier. Ainsi point de frais de logement, de compte de forgeron, etc., ce qui fait déjà comprendre la grande différence entre les frais en Médoc et ceux des deux autres contrées. Toutefois, ce n'est pas la seule cause, et nous allons faire ressortir les autres.

Le compte des sarments, sécailles, etc., qui occasionne une dépense dans le premier, se traduit en bénéfice dans les derniers, et vient en diminution du prix de la taille. Un hectare en bon état de culture, sur gravier, donne en moyenne six cents de sarments qui, vendus sur place, rendent net, au propriétaire, neuf francs.

La dépense des osiers dans le premier tableau est évidemment exagérée, puisque dans les graves, où le nombre des souches et des échalas est beaucoup plus considérable, et où le prix de l'osier est le même, le chiffre est inférieur.

Quant à ce qui regarde le chiendent, nous ne comprenons pas un compte ouvert à ce sujet. Un vignoble bien établi dans le principe ne voit jamais, on ne doit jamais voir cette plante à sa surface. Selon nous, sa présence accuse simplement la négligence du propriétaire.

Le chiffre posé pour la destruction des insectes, dans le même tableau, est évidemment exagéré. Nous n'en contestons pas l'exactitude, mais il est à croire que la chasse en est mal faite.

Dans les vignes de graves, on n'a jamais de grandes herbes à arracher, parce que le nombre et l'époque des labours ne leur permettent pas de grandir et de couvrir le sol, et dans la vallée du Rhône, où l'on ne donne que deux labours, et où, par conséquent, l'herbe envahit parfois les vignes, leur arrachement n'est pas compté en perte, parce qu'elle profite au bétail, attendu le morcellement des propriétés.

Dans la plupart des vignobles que nous avons cités, il y a peu de frais de garde, peu de fossés et de haies. Si nous n'avons pas cru devoir en parler, c'est que, indépendamment de leur rareté, il en résulte une augmentation de produit, en empêchant le passage des chasseurs et maraudeurs.

La dépense des provins présente aussi une différence notable qui tient à plusieurs causes : d'abord leur nombre est très variable; il dépend à la fois du sol, de la culture, des saisons et du prix de la journée. Dans une vigne bien plantée à l'origine, dont la culture est conduite rationnellement, où l'on fume à pied de souche tous les huit à dix ans, leur nombre en est nécessairement restreint. Dans la vallée du Rhône, où les vignes de prix ne se fument pas à pied de souche, où l'on se contente de les entretenir par les provins, il s'en fait davantage, et ils coûtent plus, non-seulement parce que l'on est dans l'usage d'y mettre beaucoup plus de soins que partout ailleurs, par l'absence de tout autre mode de fumure : mais encore par la grande différence qui existe avec les contrées précédentes pour le prix de la journée et la valeur des engrais.

7

Malgré la différence dans le prix de la journée entre la Gironde et la vallée du Rhône, et sans tenir compte du troisième labour et de l'effeuillage, qui n'ont pas lieu dans cette dernière, l'on en trouve une considérable dans le prix des façons, *taille*, *échalassement*, *accolage*, *labours relevage*, qui s'explique par les faits suivants :

A la taille, les liens sont détachés par les femmes ou enfants ; *dans la Gironde, par les vignerons en personne ;* et un cépage unique couvrant le sol, cette opération devient d'une extrême facilité par son uniformité, contrairement aux vignobles bordelais, où se rencontrent parfois *trente cépages* exigeant une coupe particulière à chacun : coursons de diverses longueurs, astes, demi-astes, etc., ce qui nécessite de la part de l'ouvrier une attention soutenue, et l'accolage s'exécute par les femmes dans la dernière.

Une autre économie sur l'échalassement résulte de ce qu'en taillant, le vigneron ne dérange pas les échalas qui peuvent se passer d'être épointés.

Enfin, dans les graves, les vignes se donnent à l'entreprise à un seul et même prix faiteur, ce qui fait un bénéfice notable sur le prix des journées : tandis que dans la vallée du Rhône, chaque famille de vigneron prend à son compte ce qu'elle peut faire, sans avoir recours à des journaliers.

L'échalassement est beaucoup plus coûteux dans la vallée du Rhône que partout ailleurs. Cela tient à l'énorme différence dans le prix des bois. Les bois blancs y sont plus chers que les bois durs autour de Bordeaux.

Le quatrième tableau comparé aux autres, présente une différence si extraordinaire avec les autres, qu'il importe de la faire ressortir et d'en donner l'explication. Elle tient à deux faits particuliers : 1° le prix de la journée, 2 fr. 25, 2° et surtout le nombre prodigieux de souches porté jusqu'à 100,000 à *l'hectare*; par cette seule considération, la taille, les échalas, l'osier, l'échalassement, l'accolage, le relevage et le provignage augmentent de prix dans une proportion considérable.

3° Des moyens de diminuer les frais de culture ou d'augmenter le produit de la vigne.

La plantation.

L'économie sur la plantation ne peut s'entendre, la plupart du temps, que par une augmentation de dépenses. Dans certaines contrées, elle est parfaitement entendue : il en est d'autres où il y a beaucoup à apprendre. De certains propriétaires, auxquels nous donnions des conseils à ce sujet, nous avons reçu cette réponse : *Mais ce serait racheter le terrain!* (1) comme si le revenu et sa durée n'étaient pas le but de toute entreprise agricole et industrielle.

Si le nombre des personnes reculant devant les frais nécessaires à la plantation est grand, le nombre de ceux qui les exagèrent est infiniment petit. Nous n'en connaissons que deux exemples : l'un dans la vallée du Rhône, l'autre dans la Gironde.

Le premier, connaissant l'importance d'un premier établissement, mais ne réfléchissant pas qu'il y a une limite même pour le bien, couvrit son terrain déjà amendé par

---

1) Si pareille considération avait pu arrêter les spéculateurs lors de l'établissement des crûs célèbres, que seraient devenus les graviers arides, et les roches nues qui, par leur transformation ont acquis une valeur de 20 30, et jusqu'à 40 mille francs l'hectare !

des cultures précédentes , d'une couche épaisse d'engrais des plus énergiques , *de débris de boucheries*, et procéda à la plantation après défoncement. Ainsi qu'on pouvait s'y attendre, la vigne végéta avec une force dont rien ne peut donner une idée, mais aussi elle se refusa à produire pendant longues années. Nous ignorons ce qu'il en est advenu aujourd'hui .

Le second offre un exemple opposé. Par une fausse appréciation de l'effet des labours profonds , et sur le conseil qui lui fut donné par un observateur superficiel , il renversa le terrain à 1ᵐ 30 de profondeur. La plantation faite, aucune bouture ne donna signe de vie : ce qu'un praticien consommé pouvait prévoir *à priori*. La terre végétale renversée au fond, se trouvait surmontée d'un sol inerte sur une épaisseur des 3/5 ; or, les boutures plantées suivant la profondeur d'usage , tout entières plongées dans ce dernier et n'atteignant pas la première, se trouvaient à cet égard dans la même position qu'un grain jeté à la surface d'une terre infertile où rien ne lève. Si le défoncement eût été de 0 ᵐ 60 seulement , savoir : 0 ᵐ 50 de terre végétale et 0 ᵐ 10 de terre infertile ramenée à la surface , les boutures plongeant à la même profondeur que le labour , les yeux entourés de la première auraient produit des racines, et les plants auraient végété avec vigueur.

La taille.

L'économie sur la taille provient de la différence dans les instruments employés. La serpe expédie mieux que la serpette, et le sécateur abrège le temps du quart au tiers : de la régularité de la plantation et de l'unité du cépage.

Ces diverses circonstances réunies peuvent procurer une économie des 2/5 ou de la moitié : ainsi, par hectare, de 12 à 15 fr. dans les graves de Bordeaux.

Le labour.

L'économie ne peut s'entendre que par le choix des instruments. Dans la culture à bras, ceux que l'on emploie dans la Gironde nous paraissent les plus avantageux, au moins dans les sols légers, par la bonne confection et l'expédition du travail.

Dans les terres sujettes à se durcir, l'usage des amendements calcaires, la marne, la chaux vive, les débris de construction, en les rendant friables, facilitent les travaux.

L'échalassement.

Nous avons dit précédemment que l'échalassement constitue dans beaucoup de vignobles près de la moitié de la dépense pour les frais de culture. Ici l'économie peut être considérable et varier de plusieurs manières :

1° Par la position des échalas,
2° Par le bois employé,
3° Par le choix des cépages.
4° Par l'abstention de tout échalassement.

La position des échalas.

Le mode adopté sur une partie importante des vignobles du Rhône, par trépied, est une amélioration, comparé à ceux du Bordelais, par la diminution de main-d'œuvre l'hiver, et l'été pendant les orages.

Lorsque, par une taille courte, les souches sont maintenues basses et le pied gros et ferme, et dans les plantations régulières, on peut employer le mode suivant très économique : Entre chaque deux ceps on place à demeure un piquet de bois dur refendu, auquel les bourgeons sont fixés moitié d'un côté, moitié de l'autre. Dans cette position la récolte se comporte aussi bien que de toute autre manière ; le bois employé pouvant être plus court et rester en place jusqu'à ce qu'il rompe, la main-d'œuvre en est réduite presqu'à rien, la dépense de bois moins considérable et la taille plus facile.

Le bois employé.

L'économie de main-d'œuvre et de renouvellement, résultant de l'emploi du bois dur refendu, est tellement évidente, qu'il n'est pas nécessaire de la faire ressortir. Le seul obstacle qu'elle rencontre à son adoption générale est la première mise de fonds qu'elle nécessite, qui n'est pas à la portée de tout le monde.

Une autre amélioration importante, réalisable sur les grandes propriétés, c'est la création de taillis d'acacia, le premier des bois pour échalas. Rien ne doit être épargné pour leur plantation afin d'arriver à obtenir la cinquième ou sixième année des piquets et des bois de refente.

Le choix des cépages, et abstention de tout échalassement.

Il est des cépages qui ont l'heureux privilége de pouvoir se passer d'échalas, et avec lesquels la récolte se comporte aussi bien de cette manière qu'avec les vignes les mieux échalassées.

Les plus remarquables, parmi ceux que nous connaissons, sont l'enrageat ou folle-blanche, et le roumieu, cépage noir. Dans les terres sèches, après huit ou dix ans les sarments en deviennent tellement courts et fermes, qu'ils se tiennent debout sans liens.

Tous les cépages soumis à la taille ronde peuvent être conduits de la même manière, le malbec, les gamé, les pineau, etc. Nous n'avons pas besoin de faire ressortir l'énorme diminution de dépense qui en résulte, surtout dans les contrées où, comme dans la vallée du Rhône, les bois sont à des prix exorbitants. C'est une raison puissante de plus pour séparer les cépages dans les pays ou le mélange de leur liqueur est jugé utile, afin de n'échalasser que ceux qui ne peuvent s'en passer.

Les engrais.

Pour ce point, l'économie ne peut s'entendre que sur les moyens de s'en procurer, ou les frais de fabrication.

Dans les contrées très peuplées, le morcellement des propriétés rend difficile toute amélioration à ce sujet. Il n'en est pas de même dans les autres. Dans toute propriété complète, c'est-à-dire, renfermant des vignes et des terres labourables, la meilleure méthode est, sans contredit, de fabriquer directement les engrais par une culture pastorale.

Ainsi soit des terres de qualité moyenne, en bon état de culture, 60 ares peuvent suffire à la nourriture d'une vache toute l'année, et 40 ares de seigle donner la paille nécessaire à la litière pour le même temps, et fournir 10 à 12 voitures à un cheval de fumier de bonne qualité, dont 7 à 8 serviraient à l'amélioration des 100 ares, et le surplus à l'entretien de 50 ares de vignes. Or, si l'on considère, suivant l'opinion généralement admise, qu'il suffit de ramener le fumier pour ces dernières tous l dix ans, et si l'on a égard à celui que nécessitent les provins, on admettra qu'une vache peut suffire à maintenir en état une propriété de 1 *hect.* 50 (1) dont un tiers en vigne, environ un quart en seigle, et 2/5 en plantes fourragères, avec produit pour la vente de *lait, grain* et *vin.*

Dans une partie de la Gironde, on trouve de grandes facilités pour l'amélioration des propriétés. Elles sont souvent assez étendues pour renfermer avec un vignoble et des prairies et terres arables, des bois et landes. Ces derniers venant au secours des premières pour la litière, permettent de vendre la paille dont la valeur est élevée à une certaine distance des villes, et fournissent même directement des engrais appropriés à la vigne. La petite bruyère mêlée d'herbes, et l'ajonc, donnent, dans ces centrées, une grande abondance de matières végétales, propres à être enfouies vertes au pied des souches et dans les provins.

Nous sommes disposé à croire que la culture du grand ajonc dans ce but serait profitable. L'emploi que nous en faisons souvent nous fait regretter de ne pas l'avoir essayé. Nous engageons à le faire les hommes de loisir. Voici comment nous nous y prendrions : nous y consacrerions des terres dites landes. Dans ces contrées, ce sont des sables noirs : lorsqu'ils ont de la profondeur, les ajoncs y croissent avec force. Nous planterions en février ou mars des plants d'un an très communs à l'état sauvage; ils sont faciles à la reprise. Nous leur ferions donner un seul labour l'année de la coupe qui aurait lieu tous les trois

____

(1) Avec l'aide du plâtre pour le trèfle et les légumineuses, qui occasionne un surcroît de dépense minime, et les accessoires que présentent la plupart des propriétés, curures de fossés, terreau formé de débris de toute espèce, cendres, suies, sarclage de jardin, etc.

ans. Ainsi traités ils donneraient une masse végétale très considérable qui pourrit facilement et donne un terreau léger approprié à la vigne.

Dans les terres saines profondes et en bon état, il serait plus profitable de consacrer quelques parcelles à la culture du *phytolacca decandra*, *raisin d'Amérique*, grande plante à racines vivaces et à tiges et feuilles fortes et charnues. Nous n'en connaissons aucune qui donne plus économiquement une aussi grande quantité de matières éminemment propres à fumer les terres. Son terreau est gras et onctueux. Enfouie verte, elle pourrit très vite. Depuis long-temps nous en faisons usage et nous en connaissons le mérite. Elle ne craint que les terres qui pèchent par excès d'humidité ou de sécheresse.

Osier, genêt d'Espagne.

Le propriétaire ou fermier doit acheter le moins possible : en d'autres termes, il doit retirer du sol tout ce qu'il peut produire pour les besoins de l'exploitation. Il créera donc une oseraie, si le terrain le comporte. Il choisira à cet effet les parties humides, ou, à défaut, une terre franche et profonde, ou enfin les lisières du vignoble dans les parties basses, si elles ne sont pas trop sèches. Il sera donné à l'oseraie les mêmes soins qu'à la vigne, soit pour la plantation ou pour la culture.

Lorsqu'on manque de jonc et de paille de seigle pour fixer les pampres, on plante le genêt d'Espagne dont les pousses de l'année remplissent le même but. Il est moins difficile que l'osier sur la qualité du sol.

Espacement des souches.

Dans la plus grande partie du Médoc, on a adopté une

distance qui semble plutôt une nécessité du mode de labour, qu'un usage en vue de la meilleure production et
de la plus grande économie. Partout ailleurs, dans la Gironde, où les labours sont faits à bras, on ne suit aucune
règle pour cet objet. Ainsi, dans les sols qui donnent les
meilleurs vins, les graviers, on plante dans les limites
de 6,000 à 15,000 souches par hectare. Il est facile de
comprendre qu'il existe entre ces deux chiffres une très
grande différence pour l'économie sur les frais de tous
genres, taille, échalassement, bois, osiers, provins, durée des souches, etc.

Toutes les anciennes vignes sont plantées à des distances trop rapprochées pour le bien du produit, et la
limite inférieure est trop faible pour les graviers sablonneux, hors les cas où ils sont préparés à l'avance par une
bonne culture. Ainsi, nous croyons pouvoir donner comme règle un chiffre entre 7,000 et 8,000 : le premier
pour les cépages qui se taillent à long bois, et le second
pour les autres.

Renouvellement.

Le mode de renouvellement par arrachement pour replanter de suite, pratiqué dans une grande partie de la
Gironde, surtout dans le Médoc, est, suivant nous, vicieux,
et blesse les intérêts du propriétaire. Pour faire prospérer
la plantation on est obligé à des transports considérables,
d'engrais et de terres nouvelles souvent apportées de très
loin. Quelle que soit l'étendue de ces frais, on ne parvient
jamais à obtenir les mêmes résultats que sur une terre
neuve, ou longtemps préparée. Or, sur la rive gauche
de la Garonne, où se rencontre la masse principale des
vignobles et les vins les plus estimés, il n'est pas de sol

qui ne soit susceptible d'être cultivé avec avantage, et de nourrir sans fumure extraordinaire, des plantes à fourrage parmi celles qui supportent le froid de nos hivers, le seigle, le trèfle farouch, le colza, etc., et la pente des terres n'y est jamais un obstacle au travail à la charrue, ainsi que cela se voit dans d'autres contrées.

Une bonne opération serait donc de réserver au moins un dixième du sol en culture. Ainsi, soit une propriété de 50 hectares, 45 seraient toujours en vigne, et tous les ans un hectare serait arraché, et un replanté après un repos de 5 ans, avec l'attention, sur laquelle nous ne saurions trop insister, d'arracher la vieille vigne à une profondeur au moins aussi considérable qu'elle était plantée, d'enlever tous le bois, et enfin de reprendre le défoncement l'automne précédant la replantation. Les propriétaires doivent bien se persuader que ce n'est pas du temps perdu. La vigneur de la nouvelle vigne, l'abondance de ses produits et leur durée, le feraient bientôt comprendre à ceux qui ne l'ont jamais éprouvé. A toutes ces considérations, il faut ajouter pour le dixième l'économie sur les impôts.

Cépages.

Nous donnons pour une opération économique le choix et le mélange dans la Gironde des deux cépages suivants, à l'exclusion de tous les autres : *la vuidure* des graves qui est la même que le *carbenet* du Médoc, et *la ser ne* ou *sira* du Rhône. Ils mûrissent à la même époque, exigent la même taille, et nous ne pouvons douter, ainsi que nous l'avons précédemment expliqué, que la liqueur provenant de leur mélange n'approchât davantage de la perfection. Le coupage des vins de Bordeaux avec ceux du Rhône, pratiqué depuis longtemps avec succès, est déjà, ce nous semble, une preuve en faveur de cette opinion.

Nous croyons aussi que les vins du Mâconnais et du Beaujolais gagneraient par l'adjonction au *gamé* de la *vuidure sauvignone, carbenet sauvignon.* Cette opinion s'appuie sur ce que ce cépage est aussi estimé que la *vuidure* précédente par la haute qualité de sa liqueur et l'abondance de son produit, et que sa maturité est la même que celle du *gamé.*

Semblable observation est applicable aux vins ordinaires de la Côte-d'Or.

CHAPITRE IX.

Des plaies et des accidents qui affectent la vigne.

1° DES PLANTES INVISIBLES.

La vigne se cultivant avec fruit sur toute espèce de sol, toutes les plantes indigènes de nos climats peuvent s'y rencontrer, et s'y rencontrent en effet à l'état sauvage. Le rôle des racines consistant à soutirer l'humidité dans l'intérieur de la terre, elles augmentent par ce fait l'intensité de la sécheresse ; il est donc essentiel de procéder à la destruction des plantes adventices, afin que l'humidité du sol profite tout entière à la production les plantes cultivées.

Ainsi que nous l'avons expliqué précédemment, le meilleur moyen de maintenir la propreté de la terre consiste dans les labours. Par les années sèches trois sont suffisantes pour obtenir le résultat désiré, et dans les années pluvieuses, leur nombre doit être porté à quatre. De cette manière, non seulement les plantes n'ont pas le temps de fleurir et de donner leur semence, mais encore c'est à peine s'il se présente une trace de végétation.

Ce moyen est le seul praticable, et il est infaillible pour les plantes annuelles. Il n'en est pas tout-à-fait de même pour les plantes vivaces. Il arrête bien leur extension et leur propagation, mais il ne les détruit pas entièrement, parce que, à part un très petit nombre d'exceptions, le labour n'est jamais. et ne peut pas être assez profond pour atteindre les racines ou les stolones au moyen desquelles elles se propagent.

En expliquant les procédés par lesquels nous arrivons à la destruction des deux plantes vivaces de la famille des graminées, les plus répandues dans les vignes, nous aurons rempli, nous le croyons du moins la tâche que nous nous sommes imposée.

La première, c'est le chiendent, plante bien connue de tous les cultivateurs, parce qu'elle se rencontre sur tous les sols. Elle se propage par ses stolones, ou tiges souterraines, et non par ses racines. Sur une terre négligée sa propagation est rapide; et, par la multiplication de ses stolones et de ses racines, elle augmente considérablement l'effet de la sécheresse. Il est donc important de procéder à sa destruction; or, rien n'est plus facile. Dans les terres destinées à être plantées en vigne, et avant la plantation, deux moyens efficaces peuvent être employés. Le premier consiste en trois ou quatre labours pendant les chaleurs à quinze ou vingt jours d'intervalle. Lorsqu'ils ont été donnés à une profondeur suffisante pour soulever chaque fois les stolones, le moyen est infaillible. Or, elles ne tracent pas au-delà de la profondeur ordinaire des labours, 0^m 10 à 0^m 12. Ce moyen a été expérimenté et publié pour la première fois par *Matthieu de Dombasle*, d'illustre mémoire.

Le second est le meilleur et le plus économique dans les circonstances où l'on défonce à 0^m 66 au moins pour la plantation : le plus économique, parce que l'épaisseur de terre dans laquelle plongent les stolones étant renversée au fond de la tranchée, elles ne repoussent pas, et le meilleur, parce qu'elles tournent au profit de la vigne, en donnant par leur décomposition un engrais très approprié.

Dans les vignes faites, infestées de chiendent, deux moyens sont également employés. Le premier est le même que l'un des précédents, mais il n'est applicable que dans les vignes soumises habituellement à des labours profonds. Partout ailleurs, et c'est le plus grand nombre de cas, il faut y procéder par un travail particulier. Il consiste à mettre au jour les stolones par un coup de pioche, les choisir, les rejeter à la surface et les enlever pour les faire brûler ou pourrir, et leurs débris, cendres ou terreaux, être employés dans l'exploitation. Ce moyen est fort coûteux, mais aussi l'effet produit sur la vigne est prodigieux. Il se fait apercevoir dès la première année, et il équivaut à une fumure. Lorsque le travail est exécuté par de bons ouvriers, il en échappe très-peu, et, l'année suivante, on ne doit pas négliger de les extirper de nouveau. Pour obtenir de cette opération tout le bien désirable, elle doit être faite en novembre, parce qu'alors la sève est suspendue, et que le petit nombre des racines de vignes attaquées a le temps de se remettre.

La seconde plante, *agrostis stolonifère*, vulgairement *traînasse*, est aussi une graminée se propageant par stolones; mais elles sont plus petites, moins fermes, plus difficiles à extirper. Elle ne se rencontre pas sur toute espèce de sol; elle affecte les positions humides, et plus particulièrement les terres *argilo-siliceuses*. Le dernier moyen de destruction pour le chiendent ne lui est pas applicable économiquement. Mais on s'en débarrasse assez bien par des labours répétés en temps chaud, combinés avec des travaux particuliers d'assainissement. (Voyez chapitre IIe.)

La petite oseille, si répandue dans le vignobles et graviers de la Gironde, se détruit par des labours multipliés en temps sec.

2. Intempéries.

LA GELÉE.

La gelée est un des fléaux les plus redoutables en ce qu'elle frappe de plusieurs manières et dans trois saisons sur quatre; et encore les chaleurs de l'été ne sont-elles pas une garantie suffisante, même au-dessous de 45 degrés de latitude, ainsi que nous l'expliquerons plus loin. L'importance de ce sujet nous fait un devoir de le traiter avec développement.

Gelée d'Automne.

Nous commençons par déclarer que pendant vingt ans et plus que nous avons exploité des vignes sur les bords du Rhône, nous n'avons jamais vu la vendange attaquée par cette plaie. Il en est de même sur la commune que nous habitons actuellement dans la Gironde depuis 1839. Cependant nous savons qu'il existe dans cette contrée des exemples de récoltes touchées par la gelée, et qu'elle peut sévir jusque sur le littoral de la Méditerranée, dans le Bas-Languedoc, ainsi que nous l'apprend Rosier dans son Cours d'Agriculture. Cependant nous ne sommes pas entièrement privés d'observations personnelles à ce sujet, et nous pouvons juger par quelques faits isolés de ce que deviendrait une récolte surprise avant la complète maturité. Dans nos cultures de raisin de table, nous avons des cépages tardifs, et il nous est arrivé de voir leurs fruits atteints avant d'être mûrs. En cet état, la pellicule se ride, ils cessent de croître, restent acides, et sont par conséquent incapables de fournir une liqueur bonne à boire, ou susceptible de se conserver. A cette plaie, il n'est aucun remède dans la grande culture. S'il s'agissait de la conservation de quelques fruits précieux, on pourrait appliquer les moyens que nous indiquerons plus loin pour se préserver des gelées printanières. Les localités à l'abri de ces dernières doivent échapper plus facilement aux premières, par les mêmes causes, et en outre parce que le raisin y est plutôt mûr.

Rozier cite un fait, reproduit précédemment (Introduction), qui prouve que des gelées susceptibles d'attaquer les bourgeons, peuvent amener la mort des vieilles souches.

GELÉES D'HIVER.

Les gelées d'hiver attaquent parfois, mais rarement, les vignes dans les contrées déjà citées, jusque sur le littoral de la Méditerranée. Nous avons été témoins des faits suivants, sur lesquels nous nous appuierons pour les raisonnements que nous allons déduire.

— 12° échelle Réaumur, vieilles vignes détruites dans le Bas-Languedoc. — 1830.

— 12° temps très sec, point de neige, aucune perte; côtes du Rhône, partie méridionale du département de ce nom. — 1820.

— 12° givre, quelques yeux détruits snr les sarments. Rhône 1831.

— 15° givre; dans quelques positions abritées, certaines vignes n'ont pas éprouvé de mal.—Rhône 1830.

— 15° et 16° givre, le plus grand froid que nous ayons jamais éprouvé. Dans les positions les plus abritées, quelques jeunes souches ont échappé; d'autres ont perdu tous les yeux des sarments sans exception, et ont repoussé au printemps par le pied. Beaucoup de vieilles vignes ont péri sans retour. — Rhône 1838.

Si l'on compare, et si l'on observe que par les températures de — 15° et — 16° le sol était garanti par une couche épaisse de neige, et que les jeunes vignes ont échappé au désastre en repoussant par le pied, on en concluera qu'elles ne sont peut-être jamais atteintes par les racines; et que la désorganisation a lieu sur les parties extérieures dans les climats précités. D'ailleurs, si la vigne périssait par les racines à la suite de nos hivers, comment expliquerait-on son existence dans des contrées où la gelée atteint le chiffre énorme de — 20°.

Du tableau ci-dessus ressortent deux faits singuliers, en apparence contradictoires. Par — 12° avec givre,

certaines souches ont éprouvé autant de mal que par —
16° également avec givre. Si nous avions supposé qu'un
jour viendrait où nous aurions à rendre compte de nos
observations sur le sujet qui nous occupe, nous sommes
persuadé que nous aurions été amené à expliquer le fait
précédent de la manière suivante : La vie végétale se fait
ressentir dans la vigne par une température de 8°; or, il
n'est pas rare de voir ce chiffre atteint en décembre et
janvier, dans les contrées où nous avons observé. L'effet
produit sur le bouton est sensible à l'œil pour celui qui
sait réfléchir, et il se traduit par l'apparition de la bourre
blanche qui suit immédiatement les folioles écailleuses,
première enveloppe du bourgeon avant tout développement. Ainsi cette anomalie apparente proviendrait selon
nous, d'une différence appréciable dans l'état du gemme
au moment de la gelée.

Les faits précédents donnent la raison de la méthode
employée pour préserver les vignes des atteintes de l'hiver, en les enterrant, dans des contrées où le climat
excessif nécessite cette précaution, et où cependant le raisin mûrit mieux que dans nos pays à latitude égale, ainsi
que cela se voit sur les limites de l'Europe et de l'Asie.

En 1838, lorsque la vie végétale se ranima, il y eut
une extravasion de sève considérable à chaque bouton
éteint. Il dut en résulter un affaiblissement capable à lui
seul d'achever la destruction des souches. Nous croyons
qu'elles auraient été sauvées par leur coupe entre deux
terres au-dessous de la profondeur ordinaire du premier
labour.

Nous tenons de vieux vignerons le fait suivant que
nous n'avons pas eu occasion d'observer. A la suite de
fortes gelées, le soleil n'étant voilé par aucun nuage, les

alternatives de gel et de dégel peuvent attaquer les vieilles souches par le pied, et les faire périr. Cette remarque
n'a pu être faite que dans les contrées où , comme dans la
vallée du Rhône, la nature y a prodigué les plus puissants
abris.

GELÉES DU PRINTEMPS.

Les exemples de désastres par suite des gelées du printemps, sont plus fréquents que de toute autre manière. Cependant, nous connaissons des vignes qui ne sont jamais
touchées par elles, dans toute l'acception du terme , tandis
que dans les mêmes contrées , et partout, sous la même
latitude , les souches sont quelquefois atteintes au moins
partiellement par les gelées d'hiver.

CAUSES DES GELÉES.

Elles sont générales ou locales. Les premières proviennent des phénomènes atmosphérique. Lorsque les
vents du beau temps, *du nord au sud par l'est*, règnent,
si la gelée ne s'est pas fait ressentir le premier jour, elle
ne sera plus à craindre jusqu'à ce qu'ils cèdent la place
aux vents humides, parce que la terre se dessèche, et que
l'inclinaison du soleil diminue. Mais aussitôt la pluie sur-
venue, la température s'abaisse, le sol se refroidit. Cet effet
est peu sensible par l'ouest et surtout le sud-ouest ; mais il
l'est beaucoup par le nord-ouest et l'ouest-nord-ouest. Ce
dernier est le vent des giboulées par excellence, le plus froid
des vents humides. C'est toujours à lui que nous devons
la neige au printemps. Lorsqu'il dure peu , et qu'il cède
subitement la place aux sud et sud-est, la gelée n'est
pas à craindre ; mais si le vent tourne au nord, et s'y
maintient seulement une nuit, la gelée est imminente.

L'abaissement de température est en raison du calme et de la transparence de l'air. Lorsque le vent souffle avec force, du coucher au lever du soleil, l'abaissement est de 3° ; par un ciel serein, il est double; et enfin, lorsque le vent est disposé à changer, il atteint et dépasse même 8°, parce qu'alors la transparence de l'air est extrême, et que le rayonnement agit de toute sa puissance. Une seule fois nous avons été témoin d'un abaissement de 12°. Ce prodigieux phénomène a eu lieu en 1847, dans la nuit du vingt-huit au vingt-neuf septembre; le thermomètre marquait 12° après le coucher du soleil; au lever, il était à 0°.

Dans toutes les circonstances, l'humidité joue ici le principal rôle. Ce fait sera rendu plus évident par l'explication des causes locales. Beaucoup de vignobles doivent à leur position les pertes qu'ils éprouvent par les gelées printanières.

Le voisinage le plus dangereux est celui des natures de propriétés suivantes, rangées dans leur ordre néfaste :

1° Futaies:

2° Marais ;

3° Landes et terres incultes ;

4° Prairies naturelles ou permanentes ;

5° Terres gazonnées quelles qu'elles soient.

Elles servent de réfrigérant aux fonds cultivés qui les avoisinent, et, par l'effet du rayonnement, y rendent les rosées plus abondantes et l'abaissement de température plus rapide.

Pour preuve à l'appui de ce que nous venons d'avancer, nous allons citer les deux exemples les plus frappants que nous connaissions.

Sur le territoire de la commune que nous habitons, à Gradignan, sous une latitude plus méridionale que Bordeaux, à une élévation insignifiante au-dessus du niveau de la mer, il est un petit vallon où il gèle tous les ans au mois de mai, et où il a gelé cinq fois en juin depuis dix ans que nous cultivons dans ce pays. Ce vallon est entouré de futaies, de marais et de landes. Un temps viendra où, par l'accroissement de la population, les coteaux, terres incultes et bois voisins, seront transformés en vignes et jardins; alors, sans aucun doute, la plaie disparaîtra.

L'exemple contraire se trouve sur les rives du Rhône. La tradition n'a pas conservé le souvenir d'un seul fait de bourgeons détruits par les gelées printanières sur le magnifique vignoble de Côte-Rotie, et probablement aussi sur celui de l'Hermitage et tous ceux assis sur les pentes rapides qui dominent le fleuve. Il n'existe dans le voisinage du premier ni bois, ni marais, ni terres incultes.

EFFET DES GELÉES PRINTANIÈRES.

Elles ne sont jamais assez fortes pour attaquer le tissu ligueux; mais elles détruisent facilement les parties herbacées et attaquent quelquefois les yeux en bourre. Lorsque les bourgeons détruits sont peu avancés, il en paraît ordinairement de nouveau à la base du sarment avec production de fruit sur certains cépages. Les yeux qui donnent naissance à ces bourgeons sont à peine visibles, et ils paraissent avoir été ménagés par la nature en vue de cette plaie : car si les premiers végètent avec vigueur et sans entraves, ils ne donnent pas signe de vie.

Lorsque le bourgeon est avancé, la gelée détruit parfois son extrémité sans attaquer la base qui a déjà pris une certaine consistance, et la récolte n'en paraît souvent pas affectée. Nous en avons vu un exemple en 1825.

Les souches basses et jeunes sont les premières à montrer des bourgeons, non-seulement parce que les couches inférieures de l'air s'échauffent le plus au contact des rayons solaires, mais encore parce que la chaleur a plus d'action sur les tissus minces des jeunes plantes, ainsi que nous l'avons démontré dans un précédent mémoire. Les sols légers absorbent plus rapidement le calorique ; la végétation arrive plus tôt à leur surface. Ainsi, à égalité de voisinage et de position, le ravage des gelées sera en raison inverse de l'élévation et de l'âge des souches et en raison directe de la légèreté du sol.

Tout corps qui peut faire l'office d'écran par rapport au rayonnement, diminue l'effet des gelées. Lorsque le mal n'est pas absolu et qu'une partie des bourgeons résiste, on peut attribuer cette différence en première ligne à leur position. En effet, à cause d'elle, ils seront plus ou moins chargés d'humidité ou plus ou moins exposés au rayonnement, causes principales de la gelée. Cette opinion est fondée sur les faits suivants : Les bourgeons étant parfaitement secs, nous connaissons des exemples de vignes échappées au désastre par 3° Réaumur, tandis que les bourgeons humides ne résistent pas à des gelées moindres.

Lorsqu'on étend horizontalement les sarments réservés à la taille, ainsi que nous le pratiquons pour nos vignes chasselas, si le bois se trouve placé de manière que les yeux soient alternativement en dessus et en dessous, il arrivera souvent que les supérieurs seront détruits et les inférieurs conservés. Ainsi, la sécheresse du bourgeon, qui dépend elle-même de la sécheresse de l'air ambiant, et tout corps interposé, si petit qu'il soit, en diminuant le rayonnement, sont des garanties contre cette plaie redoutable.

DES MOYENS DE REMÉDIER AUX GELÉES PRINTANIÈRES.

Nous ne connaissons dans la grande culture que deux moyens d'éloigner de la vigne et des plantations de toute nature, le désastre des gelées du printemps, ou tout au moins de le diminuer. Nous avons dit que le voisinage des bois, des marais et terres incultes en était la principale cause. Or, toutes les fois que ces sortes de fonds seront en la possession du propriétaire, il ne dépendra que de lui de l'atténuer, quelquefois même d'éloigner à jamais le fléau. Nous en parlons avec d'autant plus d'assurance que nous avons mis ce précepte à exécution avec un plein succès. Ainsi, le possesseur de vignes détruira les futaies voisines, assainira et cultivera les marais et terres incultes. Lorsque ces fonds ne lui appartiendront pas, il saisira toutes les occasions de les acquérir pour en changer la nature.

Le second moyen consiste dans l'emploi de la fumée. Nous ne l'avons jamais vu essayer ; cependant, nous le donnons avec assurance parce qu'il nous paraît de tous points rationnel. Si quelques personnes n'ont pas réussi, c'est qu'elles s'y sont mal prises, ainsi que nous nous en sommes assurés par les réponses qui ont été faites à nos questions.

Voici comment l'on doit s'y prendre : autour de la vigne, et à de petites distances, doivent être disposés des tas de matières combustibles auxquels le feu sera mis le matin à l'heure où le thermomètre indiquera l'approche de la gelée au zéro de l'échelle. Le feu sera continué jusqu'au lever du soleil. Les matières en combustion ne doivent pas être complétement sèches, afin de provoquer le plus de fumée possible, et les feux doivent être conduits de manière que la vigne soit bien couverte par elle comme un brouillard, en allumant les tas du côté du vent par rapport au fonds que l'on veut préserver.

Dans les matinées les plus dangereuses, par un ciel calme, la fumée s'élève peu et s'étend à merveille; la réussite est alors assurée. Elle joue deux rôles : elle arrête l'abaissement de température par le peu de chaleur qu'elle communique à l'air ambiant, et surtout elle intercepte le rayonnement. Ce préservatif serait peu coûteux dans les pays comme le Bordelais, où abondent les matériaux de peu de valeur, la bruyère, l'ajonc, les branches de pin.

Dans la petite culture on peut se servir avec avantage de paillassons, toiles d'emballage, branches d'arbres chargées de leurs feuilles, en un mot, de tout ce qui est susceptible de diminuer le rayonnement.

Deux moyens de préservation sont encore mis en œuvre, dont le second seul est connu de nous. Par le premier, on enterre le sarment, que l'on dégage lorsque le plus grand danger est passé ; il n'est praticable que pour les souches tenues basses par une taille très courte, et il nous semble qu'il doit retarder la végétation au point de nuire souvent à la récolte.

Le second consiste à tailler tard, lorsque les bourgeons de l'extrémité sont développés. Il n'est pas douteux que ce moyen ne puisse produire de l'effet, parce que la taille tend à faire développer plus tôt et plus rapidement les yeux réservés. Cependant, les exemples du bien obtenu de cette manière sont si rares, et surtout les souches ainsi traitées en sont tellement affaiblies, que nous ne conseillons pas d'en user. La taille tardive augmente l'écoulement de la sève, et celle-ci se répandant avec abondance sur les yeux inférieurs, peut les détruire, inconvénient grave dans la taille à court bois.

On peut avoir la mesure du danger peu d'instants après le coucher du soleil. Pour cela, le thermomètre est un guide sûr. Lorsqu'à cette heure il marquera 6°, on peut être certain, dans les temps ordinaires, qu'il s'arrêtera à zéro. Si la terre est sèche et qu'il ne soit pas tombé de pluie la veille au soir, on peut dormir sans crainte par une température de 5° et même de 4° seulement, parce qu'une gelée de 1° 1/2 à 2° n'attaque pas les bourgeons secs.

Dans les temps extrêmes l'abaissement peut aller à 8°. Or, voici le moyen de le connaître. Il n'a lieu que par un calme parfait qui indique lui-même un changement de vent. Dans cette circonstance la transparence de l'air est si grande, que les objets lointains s'aperçoivent beaucoup mieux et les étoiles brillent d'un éclat extraordinaire. Nous terminons par le tableau suivant :

	1 degré	2 degrés.	3 degrés.	4 degrés.	5 dégr.
Bourg. développés humides.—	Quelq-uns détruits.	—Gr partie.	— Tous. —	—	—
— — secs. —	—	—	—	—Q-uns.—	Tous. —
— En bourre humide.—	—	—	—	—	—Gr partie.— Tous.
— — secs. —	—	—	—	—	—Q.-uns. —G part.

Nous ne donnons pas ces chiffres comme rigoureusement exacts, mais comme approchant beaucoup de la vérité.

LA GRÊLE.

La grêle est sans contredit le plus redoutable des

fléaux. Elle brise les bourgeons, déchire les feuilles, anéantit quelquefois la récolte entière, et, par les plaies nombreuses dont elle couvre le bois, elle fait ressentir sa funeste influence sur les récoltes suivantes. Sur tous ces désastres, le cultivateur ne peut que gémir. Le seul remède à ces maux est dans les mains de l'Etat. Nous en parlerons ailleurs.

Il est des vignes qui sont frappées presque tous les ans. Nous avons peine à concevoir comment leur culture peut s'y soutenir. Lorsque la grêle est mêlée de pluie, son effet en est considérablement atténué. Le mal est plus grand lorsqu'elle est poussée par un vent impétueux.

Dans cette circonstance, la taille doit être plus courte, et le vigneron doit s'abstenir de faire des provins.

LA COULURE.

La coulure provient d'un état maladif de la plante ou de la fleur par lequel les organes sexuels sont détruits, ou empêchés de remplir leurs fonctions vitales. Dès-lors, les ovaires tombent et la récolte en est parfois considérablement diminuée. Nous connaissons des vignobles où la grêle et la gelée ne sévissent jamais, où cependant la récolte est sujette à manquer presque radicalement par suite de cette plaie; mais il y a entr'elles cette différence que cette dernière n'influe jamais en mal sur les récoltes suivantes.

Dans cette circonstance, l'humidité joue le principal rôle sous forme de pluie, rosée ou brouillard.

Les pluies continues durant la première période de la végétation et avant la fleur, prédisposent celle-ci à couler. Les grappes les plus élevées dans chaque bourgeon s'allongent en vrilles; le vert des feuilles pâlit surtout dans les terres fortes ou celles à sous-sol argileux, et cet état maladif influe sur la récolte malgré la cessation de la pluie au jour de la floraison.

Cependant les pluies incessantes à cette dernière époque ne sont pas toujours une cause de coulure. Nous en connaissons un exemple remarquable. La récolte de 1823 a été l'une des plus abondantes que nous ayons jamais vue. La floraison dura un mois par une pluie continuelle. Dans cette circonstance, trois particularités expliquant le fait sont à noter :

1º Absence d'humidité stagnante par la perméabilité et la pente des sol et sous-sol ;

2º Température constamment élevée, 12º Réaumur la nuit ; 15º le jour ;

3º Soleil toujours voilé.

Au-dessous de 10º, la pluie continue détruit la récolte. Ce fait est très rare dans les contrées où nous avons exploité.

Mais ce qui est très commun et qui occasionne de véritables désastres dans les vallées encaissées et abritées par des côtes élevées, ce sont les giboulées d'été, c'est-à-dire les pluies qui tombent par intervalle, l'air étant calme et le soleil chaud. Le mal est en raison de l'élévation de la température : ce qui fait supposer que les gouttes d'eau agissent à l'instar d'une loupe et brûlent les parties végétales herbacées sur lesquelles elles reposent. Ce phénomène agit également sur certains arbres, principalement sur le poirier.

Dans les mêmes contrées, lorsque les brouillards traînent sur les coteaux et qu'ils sont dissipés par le soleil, le désastre est encore plus grand. Nous en avons vu un exemple en 1819, le trois juin : Une seule matinée enleva la moitié de la récolte. Non-seulement toutes les fleurs en regard du soleil furent détruites, mais encore les grains noués eux-mêmes et déjà gros.

Les rosées abondantes évaporées par le soleil produisent le même effet. Nous avons eu une récolte anéantie par cette plaie, en 1820. Les feuilles mêmes n'en sont pas à l'abri. Elles prennent une teinte rousse et se dessèchent avant le temps. Nous estimons que la récolte suivante peut en être diminué, 1820-1821, parce que les feuilles sont nécessaires à l'organisation des yeux ou gemmes destinés à la production.

Les positions les plus sujettes à la coulure par le fait de des rosées et des brouillards sont les suivantes : les coteaux au pied desquels se trouvent des bois, principalement des futaies, des prés arrosés, des marais, des lacs ou étangs. Ces positions deviennent encore plus dangereuses lorsque les coteaux bordent un ravin étroit et profond. La chaleur solaire et la rosée, sources de vie et de fraîcheur, sont ici une cause constante de stérilité pour l'un des végétaux les plus précieux que l'homme ait reçu de la nature.

Les vignes en plaine ou en terres fertiles sont moins sujettes à cette plaie.

La taille opérée sur une vigne jeune et vigoureuse par une pluie soutenue, occasionne plus tard la coulure. Nous avons fait à ce sujet une expérience concluante. Ce fait nous paraît difficile à expliquer à cause de la distance entre la taille faite l'hiver et l'époque de la végétation et de la floraison. Cet effet ne nous a pas paru sensible sur les vieilles vignes, ce qui peut s'attribuer au tissu ferme et serré de celles-ci,

LA SÉCHERESSE.

En France la sécheresse nuit rarement à la récolte, surtout lorsque la plantation a été établie rationnellement et les labours donnés d'une manière convenable. C'est ordinairement sur le fruit et à la fin de l'été qu'elle se fait ressentir. Nous ignorons si la fleur peut en être affectée ; cependant, une seule fois nous avons fait une observation à ce sujet. Depuis trente-deux ans que nous sommes possesseurs de vignes , 1822 est l'année où la floraison a eu lieu par la température la plus élevée. L'ardeur du soleil était telle que la grappe fléchissait sur son pédoncule comme flétrie. Nous habitions alors le territoire de Côte-Rôtie, sur les rives du Rhône.

Le fruit atteint sa dernière période de grosseur et commence à changer de couleur à l'époque où la sécheresse se fait le plus vivement ressentir de la fin d'août au commencement de septembre. Il n'est pas rare alors de voir le raisin arrêté dans sa croissance. Quelquefois même la feuille tombe, 1825. La baie reste petite, la peau devient épaisse et dure et le produit en est considérablement affecté. Cependant, au moins pour les vins de qualité, il y a compensation et même bénéfice, ainsi que nous l'avons éprouvé, notamment en l'année précitée, par la haute qualité de la liqueur et son prix extraordinaire. Une pièce 1825 valait, commercialement, huit ou dix pièces 1823.

La sécheresse paraît influer sur la production de l'année suivante. En d'autres termes, le nombre des grappes produites au printemps par les bourgeons à leur naissance est en raison de la prolongation de la sécheresse à l'ar-

rière saison. Ce fait s'explique par l'aoûtement des yeux
et la maturité du bois de l'année.

GRILLAGE ET FLÉTRISSURE.

Le grillage a deux causes : l'une est naturelle, l'autre
accuse l'ignorance ou l'imprudence du vigneron.

Toute grappe exposée continuellement et dès sa naissance à l'action solaire directe ne se grille jamais, sauf
de rares exceptions dont nous allons rendre compte,
quelle que soit l'intensité de la chaleur. Nous en avons
vu posées sur des pierres échauffées au point de n'y pouvoir tenir la main, par 45° Réaumur, et ne pas se griller.
Mais lorsqu'après avoir été tenues à l'ombre sous les feuilles elles se trouvent subitement découvertes par l'enlèvement ou le déplacement de ces dernières, elles se perdent
inévitablement. Ce fait n'a pas besoin d'explication, tellement il est facile à comprendre, et il rend compte des
pertes éprouvées par un effeuillage trop hâté.

Cependant, il est des circonstances où sans effeuillage
et sans cause apparente, des raisins se flétrissent et se dessèchent. Cet inconvénient est particulier à certains cépages. L'explication nous en paraît facile. La plupart des
espèces à gros fruits demandent une terre consistante et
fertile pour donner tout leur produit. Ils coulent presque
toujours dans les terres sèches et graveleuses ; leur récolte y est souvent insignifiante. Contrairement à cette
règle, certains cépages, en très petit nombre, ont l'heureux privilége de produire dans tout terrain, même dans
les graviers sabloneux, des fruits gros à baies serrées
nourries. Mais lorsque la sécheresse vient à se faire vivement ressentir, l'humidité dont se contentent les vignes
à petites grappes, la vuidure, le massoutet, la parde, les

pineaux, etc., devient pour eux insuffisante ; quelques grappes se flétrissent bientôt et se dessèchent. Ordinairement les premières attaquées assurent l'existence des autres.

Nous ne connaissons que deux espèces de ce genre ; l'une porte dans la Gironde les noms de *Roumieu* ou *Balouzat*, et l'autre celui très approprié de *Grappu,*

LES GRANDS VENTS.

Les grands vents occasionnent du dégât de deux manières : 1° dans les vignes vigoureuses, au moment et peu de temps avant la fleur, les bourgeons encore tendres se détachent au moindre choc. Le relevage remédie en partie à cet inconvénient ; 2° dans les vignes qui couronnent les sommités élevées, lorsque le vent souffle longtemps et dans une direction perpendiculaire au coteau, il déchire les feuilles, arrête la croissance des bourgeons et diminue par conséquent les récoltes suivantes. Cette plaie nuit à la propagation de la vigne dans des positions qui seraient d'ailleurs favorables à sa culture, principalement dans la vallée du Rhône et sur le littoral de la Méditerranée.

3° DIVERS ÉTATS MALADIFS.

On aperçoit parfois dans les vignes des ceps dont une partie des feuilles prend tous les ans une teinte jaune, sans que cela paraisse altérer leur existence ; seulement la coulure a plus d'effet sur eux. Le provignage ne corrige pas cet état. L'on doit avoir l'attention de les marquer avant la chute des feuilles, pour ne pas commettre la faute de s'en servir pour provigner.

Si les provins de l'année prennent avant l'heure la

feuille pourpre dans les espèces colorées , et jaune dans les blanches, l'on peut être certain qu'ils sont attaqués dans l'intérieur du sol et que des vers ont rongé l'écorce des sarments enterrés. Lorsqu'on s'aperçoit du mal , il est presque toujours trop tard pour y rémédier : les provins peuvent être déjà considérés comme perdus.

Au mois d'août 1834, à la suite de pluies abondantes, par une température des plus élevées et des coups de soleil ardents , les feuilles de la vigne devinrent blanches en dessous et se détachèrent du sarment avant la cueillette du fruit, dont une partie fut perdue. La baie du raisin fut tachée d'un point noir sur la pellicule à son insertion au pédicelle. Le vin en contracta un mauvais goût. Nous ignorons s'il a disparu avec le temps , parce que nous n'avons rien gardé de ce liquide. De nouveaux bourgeons reparurent qui furent surpris encore verts par les gelées ; la récolte suivante en fut affectée. Au printemps 1835 , les jeunes pousses sortirent jaunes et la coulure fut la conséquence de cette maladie sur les souches les plus faibles. En 1836 , cet accident ne laissait plus de traces. Cette plaie se fit ressentir sur la côte du lac de Genève.

L'année 1837 , au printemps , une maladie semblable s'est déclarée, mais d'une manière beaucoup moins prononcée , sur quelques jeunes bourgeons , à la suite de pluies très froides entremêlées à de rares intervalles de journées chaudes. Quelques grappes en ont été affectées comme les feuilles. Les cépages blancs , à de très rares exceptions près, en ont été seuls attaqués.

Ces observations ont été faites sur des vignes jeunes et vigoureuses plantées sur une pente rapide au midi. Le mal était en raison inverse de l'élévation du sol au-dessus de la vallée , ce qui pouvait se deviner *à priori* , puisque cette maladie a pour cause l'effet combiné de l'humidité et de la chaleur solaire.

Les physiologistes regardent cette matière blanche déposée sur les feuilles comme un champignon parasite qui bouche leurs pores, arrête leurs fonctions vitales et détermine leur mort et leur chute anticipée.

4° LA POURRITURE.

Elle n'attaque le fruit que lorsque la maturité est déjà avancée. Ses dégâts sont plus considérables sur les raisins blancs que sur les colorés. Lorsque le jour des vendanges n'est pas encore arrivée, on y remédie par l'effeuillage et le relevage des pampres, et l'on fait parcourir la vigne pour enlever les fruits dont l'altération est avancée pour en faire l'usage que nous expliquons plus loin. On évite encore la pourriture par un choix particulier des cépages et de l'exposition et par un espacement couvenable des souches. Ainsi, il est des variétés dont le fruit ne pourrit jamais, et cette plaie sévit davantage dans les bas-fonds.

La pourriture donne un mauvais goût aux vins cuvés. Le propriétaire jaloux de la réputation de ses produits, doit donc choisir les raisins attaqués et les mettre à part. Elle améliore au contraire les vins non cuvés, les vins blancs. Le liquide n'en contracte aucun mauvais goût et gagne en douceur à maturité égale. La récolte de 1819 en est l'exemple le plus remarquable

En 1823, où la pourriture fit les plus grands ravages, le vin blanc n'en éprouva aucune altération. Dans les crûs blancs célèbres de la Gironde, on vendange à plusieurs reprises, et chaque fois l'on attend qu'il se déclare un commencement de pourriture dans la partie de la récolte laissée sur la souche.

9

5 DES CAUSES D'ALTÉRATION DU VIN.

Toute altération dans le goût du vin en ce qui regarde la culture, provient d'une propriété de la pellicule signalée par nous pour la première fois en 1839, dans les Annales de la société d'agriculture de Lyon, et qui paraissait ignorée de tous ceux qui ont écrit jusqu'à ce jour sur le même sujet.

La pellicule du raisin a la propriété de s'emparer des odeurs émanées des corps environnants. Nous en avons acquis la preuve dès les premiers temps de nos explorations agricoles. Dans les contrées où les échalas sont réunis par trois, en forme de pyramides, on profite de cette disposition pour les placer à leur sommet et faire sécher les herbes quelquefois abondantes qui couvrent le sol au moment des vendanges. Or, s'il se rencontre parmi elles des plantes à odeur forte, et que des pluies répétées les délavent, les fruits humectés par cette eau en prennent le goût.

Ceci explique, suivant nous, l'altération du vin par une fumure récente dans les pays où l'on enterre les engrais superficiellement. Pour éviter ce grave inconvénient, il faut déchausser plus profondément ou ne fumer que les provins, ainsi que cela se pratique en plusieurs lieux, où enfin on n'emploie que des engrais consommés. Contrairement aux idées reçues, l'altération n'a donc pas lieu par l'ascension de la sève ; seulement, la liqueur perd une partie de son alcool et de sa couleur, parce que la sève apporte au fruit une nourriture plus abondante et plus aqueuse aux dépens de la partie sucrée.

6° DES ANIMAUX NUISIBLES.

Les quadrupèdes.

La plupart des quadrupèdes de nos contrées recherchent le raisin : le chien , le renard , le blaireau , la
fouine, la belette, le rat, etc. Les bois sont donc un très
mauvais voisinage pour les vignes.

Les oiseaux.

Mais ils le sont bien plus encore à cause des oiseaux.
Le nombre de ceux qui touchent au fruit de la vigne est
si grand qu'il serait plus court de nommer ceux qui ne
s'en nourrissent pas. Il paraît tellement du goût de tous
les êtres vivants, que nous serions disposé à croire que
l'hirondelle, parmi les aériens, et les oiseaux essentiellement aquatiques, sont les seuls qui en soient privés.

Aussi, cette culture est-elle impossible isolément dans
une contrée boisée, à moins que l'on ne plante la vigne
dans un but de chasse. Nous ne connaissons pas de meilleure remise pour le gibier. Une vigne basse , sans échalas, close de haies vives, plantée de quelques arbres, peut
donner à son propriétaire le gibier pour son plaisir et
son alimentation sans fatiguer.

Les moyens de se défendre des dégâts causés par les animaux précédents, sont : la chasse au fusil, et plus particulièrement dans les propriétés closes, les filets, les lacets
et les pièges de tous genres. Quelques coups de fusil heureux éloignent pour longtemps les oiseaux qui s'abattent
par bandes , les moineaux, les sansonnets ; et par les autres moyens on peut arriver à une grande destruction
des maraudeurs. On peut encore employer avec le plus

grand succès, sur une petite échelle, pour les raisins de table ou autre culture, des matériaux à couleur brillante, tels que papier, toiles ou plaques de fer-blanc, suspendus et reliés entr'eux par des cordes ou ficelles plus ou moins élevées au-dessus du sol, presque ras-terre pour les souris.

Les reptiles.

Les reptiles eux-mêmes recherchent le raisin. Dans les vignoles à pente rapide, dont les terres sont soutenues par des murs à pierre sèche, les lézards, surtout le vert, font beaucoup de dégâts, parce qu'ils trouvent dans ces murs leur refuge.

LES INSECTES ET LEURS LARVES.

Le nombre des insectes qui attaquent la vigne, quoique considérable, l'est beaucoup moins que celui des oiseaux; et, dans beaucoup de circonstances, ils sont aussi moins à redouter et plus faciles à éloigner ou à détruire, malgré l'opinion contraire généralement accréditée.

Les entomologistes ne sont pas encore arrivés, pour quelques-uns d'entr'eux, les plus dangereux, à connaître toutes les circonstances de leurs transformations. Cependant, ce point est très important à constater pour leur destruction, qui autrement sera toujours incomplète.

Insecte caléoptère.

Altise bleue, Coupe-Bourgeons, Gribouri, Barbeau,
Noms qu'il porte en diverses contrées.

Le mâle et la femelle diffèrent de couleur. L'un est d'un joli bleu azuré; l'autre est gorge-de-pigeon. Nous ne l'avons jamais vu dans la vallée du Rhône ; mais nous avons appris à le connaître dans la Gironde, où il est abondant.

Sa destruction est d'une extrême facilité. Aussi, avons-nous été surpris d'apprendre que des récompenses étaient instituées par plusieurs sociétés d'agriculture pour s'en préserver.

L'insecte paraît en mai, et, de suite après l'accouplement, il se dispose à préparer la feuille pour recevoir sa ponte en la faisant flétrir et la roulant pour mettre ses œufs à l'abri.

La feuille flétrie s'aperçoit de loin, et l'on est assuré d'y trouver l'insecte. Lorsqu'elle est fraîchement roulée, la femelle s'y trouve encore : ce dont on s'aperçoit par la pression.

Lorsqu'il n'est pas très abondant, sa destruction ne nous coûte rien : nous l'opérons nous-même en nous promenant dans la vigne. Nous complétons ce travail pour l'année suivante en fesant ramasser les feuilles roulées et les brûlant ou les enterrant. Dans un vignoble, quelque considérable qu'il soit, lorsque tous les ans on le fait suivre, les frais en deviennent insignifiants.

Autre insecte caléoptère.

Sous le nom de charançon gris, donné par quelques auteurs, un insecte de couleur fauve, un peu plus grand que le precédent, se montre aux premières chaleurs d'avril, à l'époque où le bourgeon en bourre commence à grossir. Il l'attaque en cet état en s'en nourrit. Il est moins facile à détruire que le précédent parce, que le dégât et l'insecte ne s'aperçoivent pas de loin. Au moindre bruit il se laisse choir, et sa couleur se confondant avec celle de la terre, il devient difficile de lo trouver. Heureusement, ses ravages se bornent à peu de chose, surtout lorsque la végétation marche avec rapidité, parce qu'il ne touche jamais au bourgeon développé. Nous l'avons à peine aperçu dans la Gironde ; il est plus commun dans la vallée du Rhône.

La pyrale.

Cet insecte lépidoptère ne touche à la vigne que par sa larve. Nous n'avons jamais eu occasion de l'étudier. Cependant, nous ne pouvons moins faire que d'en parler, parce qu'il est de vastes vignobles où il cause les plus grands ravages. Le mal était venu si considérable dans la basse Bourgogne, en 1838, que le gouvernement jugea convenable d'envoyer sur les lieux feu le professeur Audoin, célèbre entomologiste, pour étudier l'insecte et les moyens de s'en débarrasser. Parmi ceux mis à l'essai, un seul peut être donné comme pratique.

Le papillon dépose ses œufs sur la partie supérieure de la feuille, et, par une recherche continuée pendant tout le temps de la ponte, on les enlève pour les brûler. Ce moyen pouvait être deviné *à priori* comme le plus simple et le plus économique.

Nous avons aperçu, mais très rarement, dans la Gironde et la vallée du Rhône, des vers dans les baies du raisin. Suivant les personnes qui se sont occupées des mêmes questions, ce serait des larves de pyrale. Elle s'y montre donc parfois, pas assez cependant pour attirer l'attention des propriétaires et cultivateurs. En 1841, le vignoble blanc, célèbre de Sauterne, eut sa récolte affectée dans sa qualité par la présence de nombreux vers logés dans l'intérieur des baies à l'approche et au moment de la maturité. Nous supposons que ce doit être le même , et nous regrettons vivement que ce fait n'ait éveillé l'attention d'aucun auteur ou propriétaire éclairé.

Diverses chenilles.

Lorsque les vignes sont entourées de haies-vives ou voisines des bois , les chenilles dont les nids se trouvent sur les branches des arbres se rejettent parfois sur elles à défaut d'autre nourriture. Cette plaie est à la vérité fort rare : nous n'en connaissons aucun exemple grave. Ordinairement, les chenilles se trouvent, par place, réunies et faciles à apercevoir et par conséquent à détruire. Ce fait est une preuve à l'appui de l'importance de la loi qui oblige à l'échenillage. Sans nul doute, si elle était rigoureusement exécutée, les propriétaires ne seraient pas affligés par le spectacle de leur récolte , perdue ou amoindrie par les insectes.

LE HANNETON.

Nous n'avons vu le hanneton attaquer la vigne qu'une seule fois, en 1833. Leur nombre fut si prodigieux , que tous les arbres furent dépouillés de leurs feuilles, et ils se rejetèrent sur la vigne à défaut d'autre nourriture.

Si le hanneton est peu à redouter , il n'en est pas à beaucoup près de même de la larve. Les jeunes plantations en sont souvent attaquées , surtout les provins, parce que les engrais les attirent et ils s'y rassemblent parfois en grand nombre. Ils rongent l'écorce du sarment nouvellement enterré et causent par suite la mort du provin. Il est facile de reconnaître ceux attaqués : les feuilles prennent avant le temps les couleurs dont elles se couvrent à l'approche de la maturité du fruit : le pourpre pour les cépages colorés et le jaune pour les blancs. Mais lorsque ces couleurs anticipées ont paru, le mal est presque toujours sans remède.

La destruction de ce ver est facile : nous l'avons expérimentée avec un plein succès. Il consiste à secouer soir et matin les arbres répandus sur la propriété que l'on veut défendre, pour recevoir l'insecte et le détruire. Personne n'ignore qu'avant de déposer ses œufs dans le sein de la terre, les hannetons se posent et s'accouplent sur les arbres. Le moyen est donc des plus simples; et il est des plus efficaces. Nous ne pouvons nous empêcher de faire observer que l'on va souvent chercher bien loin ce qui se trouve parfois à la portée des intelligences les plus bornées. Aussi, quel ne fut pas notre étonnement lorsque ce moyen, préconisé par le préfet d'un département dont la population se plaignait amèrement au sujet des ravages de cet insecte, fit ameuter contre cet administrateur toute la presse de la capitale qui l'accabla de ses sarcasmes.

Les Guêpes.

Les guêpes s'attaquent particulièrement aux espèces de raisins les plus sucrés. Les années sèches et chaudes sont favorables à leur propagation. Nous ne les avons jamais vues plus nombreuses qu'en 1822, où le soleil brilla pendant dix mois sans être voilé par des brouillards ou des nuages. Leurs dégâts sont parfois considérables, et il ne faut pas négliger de les détruire. Elles placent leurs nids contre les échalas, les murs ou les rochers, dans les troncs d'arbres ou dans la terre. Les mères s'y rassemblent à l'approche de la nuit.

L'ESCARGOT.

L'escargot dévore au printemps les jeunes bourgeons. C'est la nuit, le matin et le soir à la rosée, et le jour, lorsqu'il pleut, qu'il cherche sa nourriture. Lorsque le soleil brille, il se met à l'abri de la chaleur, qu'il paraît craindre pardessus tout. Il ne peut pas être considéré comme un ennemi dangereux, parce que sa grosseur et la lenteur de sa marche le rendent facile à apercevoir et à saisir.

Lorsque, aux premières chaleurs du printemps, ils commencent à sortir de leur repaire, il faut tous les matins suivre le bord de la vigne, afin de les prendre avant qu'ils ne s'introduisent dans l'intérieur, ce qui rendrait leur recherche plus dispendieuse. C'est ainsi que nous procédons chaque année, surtout dans le voisinage des haies qui leur servent d'abri l'hiver. Le prix de ce travail est insignifiant, à tel point que nous ne pouvons comprendre les propriétaires qui se plaignent de leurs ravages. Ils n'ont pas la volonté de l'essayer, et ils ne peuvent s'en prendre qu'à leur indolence.

FIN.

TABLE DES MATIÈRES.

Pages

INTRODUCTION. I à VII
Histoire de la vigne. . . . . id.
Importance de la culture de la vigne. VIII
Observations sur les impôts qui grèvent la vigne et
  son produit. XI à XIII

CHAPITRE Iᵉʳ. — DES CAUSES QUI INFLUENT SUR LA
PRODUCTION.

Climat. 1
Causes locales. 2
Saisons 4
Sol. 6
Sous-sol. 8
Exposition. 8
Situation. 9
Cépage. 11
Culture. 15

CHAPITRE II. — DE LA PLANTATION ET DES CIRCONS-
TANCES QUI L'ACCOMPAGNENT.

Labours de préparation. 18
Précautions contre les eaux surabondantes. 21
Clôture. 22
Choix et pluralité des cépages. 23
Choix et préparation des plants. 25
Profondeur à laquelle il convient de planter. 27
De la Plantation. 28
Soins à donner à la plantation les premières années. 31
Espacement des souches. 33

CHAPITRE III. — FAÇONS ET TRAVAUX ANNUELS.

La taille. 36
Echalassement. 43
Accolage et liage des souches astes ou arçons. 47
Labours. 48
Epamprement. 53
Relevage des pampres. 55
Rognage et pincement. 56
Effeuillage. 57
Déchaussement. 58

CHAPITRE IV. — DES DIFFÉRENTES MANIÈRES DE RE-
NOUVELER LA VIGNE.

Provignage. 58
Arrachement pour replanter. 64
Semis. 67
Greffe. 69

CHAPITRE V. — DES ENGRAIS ET AMENDEMENTS.

Engrais. 71
Amendements. . , ... 72
Emploi des engrais. 73
Emploi des amendements. 76

CHAPITRE VI. — CULTURE PERFECTIONNÉE.

Culture perfectionnée. 77
Cueillette et conservation du fruit. 83

CHAPITRE VII. — DES ÉCHALAS.

Leur conservation. 86
Des bois propres à faire des échalas. 87
Du sol qui convient à chacun des arbres et de leur
plantation. 88

CHAPITRE VIII. — FRAIS DE CULTURE DE LA VIGNE.

Tableau de ces frais en diverses contrées. 92

Observations à ce sujet. 95

Des moyens de diminuer les frais de culture ou d'augmenter le produit de la vigne. 99

CHAPITRE IX. — DES PLAIES ET DES ACCIDENTS QUI
AFFECTENT LA VIGNE.

Des plantes nuisibles. 108

Intempéries. 111

Gelées d'automne. 111

Gelées d'hiver. 112

Gelées de printemps. 115

La grêle. 121

La coulure. 122

La sécheresse. 124

Grillage et flétrissure. 125

Grands vents. 126

Divers états maladifs. 127

La pourriture. 129

Causes d'altération du vin. 130

Des animaux nuisibles. 131

Les quadrupèdes. . . . . id.

Les oiseaux. . . . . id.

Les reptiles. 132

Les insectes et leurs larves. . . . . id.

L'escargot. 137

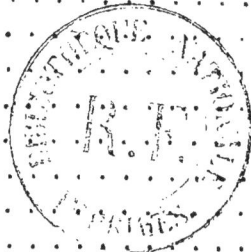

Bordeaux, Imp. de CRUZEL, rue des Ayres, 28.

www.ingramcontent.com/pod-product-compliance
Lightning Source LLC
Chambersburg PA
CBHW071838200326
41519CB00016B/4158